全国高等职业教育规划教材

网站界面设计案例教程

主　编　唐乾林
副主编　牟向宇
参　编　范永富　黄克勤　余萍

机械工业出版社

本书通过一个完整的案例，向读者介绍了网站界面设计的基础知识、网站界面设计中色彩的运用、网站界面设计中图形图像的运用、网站界面中首页的设计、网站界面中导航系统的设计、网站中的广告设计等内容。

本书可作为高职高专院校相关专业学习网站界面设计课程的教材，特别适合课时有限的课程，要求学生在较短时间内掌握网站界面设计能力的专业使用，也可作为广大计算机爱好者自学网站界面设计的参考书。

图书在版编目(CIP)数据

网站界面设计案例教程/唐乾林主编. —北京：机械工业出版社，2009.2（2015.8 重印）
（全国高等职业教育规划教材）
ISBN 978-7-111-26197-1

Ⅰ. 网… Ⅱ. 唐… Ⅲ. 网站-设计-高等学校：技术学校-教材
Ⅳ. TP393.092

中国版本图书馆 CIP 数据核字(2009)第 014265 号

机械工业出版社（北京市百万庄大街 22 号 邮政编码 100037）
责任编辑：王 颖
责任印制：李 洋
三河市宏达印刷有限公司印刷
2015 年 8 月第 1 版第 5 次印刷
184mm×260mm · 13.5 印张 · 329 千字
9301—11100 册
标准书号：ISBN 978-7-111-26197-1
ISBN 978-7-89482-981-8（光盘）
定价：27.00 元（含 1CD）

全国高等职业教育规划教材计算机专业

编委会成员名单

出版说明

根据《教育部关于以就业为导向深化高等职业教育改革的若干意见》中提出的高等职业院校必须把培养学生动手能力、实践能力和可持续发展能力放在突出的地位，促进学生技能的培养，以及教材内容要紧密结合生产实际，并注意及时跟踪先进技术的发展等指导精神，机械工业出版社组织全国近60所高等职业院校的骨干教师对在2001年出版的“面向21世纪高职高专系列教材”进行了全面的修订和增补，并更名为“全国高等职业教育规划教材”。

本系列教材是由高职高专计算机专业、电子技术专业和机电专业教材编委会分别会同各高职高专院校的一线骨干教师，针对相关专业的课程设置，融合教学中的实践经验，同时吸收高等职业教育改革的成果而编写完成的，具有“定位准确、注重能力、内容创新、结构合理和叙述通俗”的编写特色。在几年的教学实践中，本系列教材获得了较高的评价，并有多个品种被评为普通高等教育“十一五”国家级规划教材。在修订和增补过程中，除了保持原有特色外，针对课程的不同性质采取了不同的优化措施。其中，核心基础课的教材在保持扎实的理论基础的同时，增加了实训和习题；实践性较强的课程强调理论与实训紧密结合；涉及实用技术的课程则在教材中引入了最新的知识、技术、工艺和方法。同时，根据实际教学的需要对部分课程进行了整合。

归纳起来，本系列教材具有以下特点：

1）围绕培养学生的职业技能这条主线来设计教材的结构、内容和形式。

2）合理安排基础知识和实践知识的比例。基础知识以“必需、够用”为度，强调专业技术应用能力的训练，适当增加实训环节。

3）符合高职学生的学习特点和认知规律。对基本理论和方法的论述容易理解、清晰简洁，多用图表来表达信息；增加相关技术在生产中的应用实例，引导学生主动学习。

4）教材内容紧随技术和经济的发展而更新，及时将新知识、新技术、新工艺和新案例等引入教材。同时注重吸收最新的教学理念，并积极支持新专业的教材建设。

5）注重立体化教材建设。通过主教材、电子教案、配套素材光盘、实训指导和习题及解答等教学资源的有机结合，提高教学服务水平，为高素质技能型人才的培养创造良好的条件。

由于我国高等职业教育改革和发展的速度很快，加之我们的水平和经验有限，因此在教材的编写和出版过程中难免出现问题和错误。我们恳请使用这套教材的师生及时向我们反馈质量信息，以利于我们今后不断提高教材的出版质量，为广大师生提供更多、更适用的教材。

机械工业出版社

前　言

在网络上，网站的可用性是网站生存的必要条件。如果一个站点难以使用，用户就会离开它。如果主页不能清晰地说明这家公司可以提供什么和用户可以在网页上找到什么有用的信息，或者网页上提供的信息难以阅读，也不回答用户提出的关键问题，这样的网站，用户同样不会选用它。所以，设计出一个好的网站界面就显得十分重要。

网站界面所包含的因素是极为广泛的，但在设计某一具体网站界面时，却只能侧重于某些方面。设计过程中，设计师应对社会环境进行深入的调研，所设计的作品必须符合人们的消费预期及审美习惯。

本书主要面向初学者，通过一个完整的案例介绍了网站界面设计基础知识、网站界面设计中色彩的运用、网站界面设计中图形图像的运用、网站界面中首页的设计、网站界面中导航系统的设计、网站中的广告设计等内容，是理想的网站界面设计基础的培训教材。

为了方便教师授课和读者的学习，随书附有光盘一张，光盘中含有本书的电子教案、素材、源文件、效果图等。

本书由唐乾林主编，牟向宇为副主编。其中第 1 章由余萍编写，第 2、6 章由黄克勤编写，第 4、7 章由牟向宇编写，第 3、8 章由范永富编写，其余章节由唐乾林编写。全书统稿、定稿由唐乾林完成。在编写本书的过程中，作者参阅了一些网络资源和文献资料，在此向这些作品的作者表示衷心的感谢！

由于编者水平有限，加之编写时间仓促，书中不妥或错误之处在所难免，恳请广大读者批评指正。

编　者

目　录

第1章　网站界面设计基础

本章要点

- 网站(网页)界面的发展
- 网站(网页)界面的构成要素和要点
- 网站(网页)界面的设计原则
- 网站(网页)界面与软件界面的异同
- 网站(网页)界面设计的常用工具简介

网站界面是人与机器之间传递和交换信息的媒介,包括硬件界面和软件界面。网站界面设计是计算机科学与心理学、设计艺术学、认知科学和人机工程学的交叉研究领域。近年来,随着信息技术与计算机技术的迅速发展,网络技术的突飞猛进,人机界面设计和开发已成为国际计算机界和设计界最为活跃的研究方向。

本章将介绍网站界面的一些基础知识。

1.1　网站界面的发展

界面是一种由色彩、文字、图像、符号等视觉元素以及多媒体元素构成的,用来传达特定信息,以方便人机交流为目的的中间媒体。

相对于计算机网络来说,网站的出现要晚得多。1989 年,欧洲粒子物理实验室研究员 Tim Berners-Lee 发明了一种用于网上交换文本的格式,即基于标记的语言 HTML,并创建了网上软件平台 World Wide Web(万维网)。HTML 最吸引人的地方,在于其超文本链接技术,通过超链接,可以非常方便地跳转到其他任何一个网页上。万维网实现了媒体思想家特德·纳尔逊于 1965 年提出的超文本设想。万维网的出现,带动了网站的裂变式发展。

1990 年 11 月,第一个 Web 服务器 nxoc01. cern. ch 开始运行,Tim Berners-Lee 在自己编写的图形化 Web 浏览器 World Wide Web 上,看到了最早的 Web 页面。虽然世界上第一个网站(当时的网址是 http://nxoc01. cern. ch/hypertext/www/theproject. html)早在 1992 年就关闭了,然而幸运的是这一界面却被保留了下来。只要点击下面这一链接:

http://www. w3. org/History/19921103-hypertext/hypertext/www/theproject. html

就能看到历史上最早的网页,尽管用今天的眼光来看,这一网页是再简陋不过了,但正是这一简陋的网页,开启了今天丰富多彩的网络生活。

最早的网页界面无一例外都是由字符组成的,如图 1-1 所示。而今天在互联网上看到的网页几乎都是五光十色、图文并茂、有动画有视频的,如图 1-2 所示。

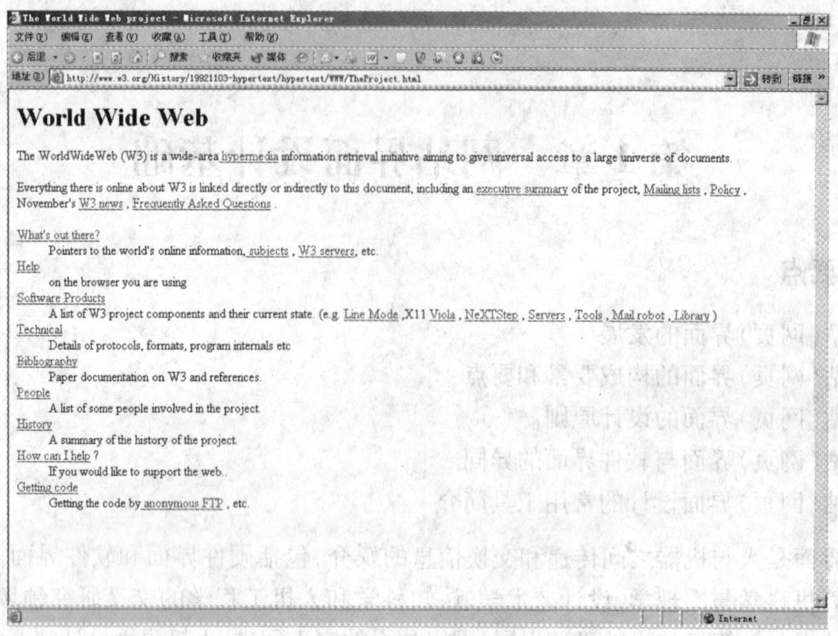

图 1-1 最早的 Web 页面

图 1-2 现在的网站界面

1992 年，美国国家超级计算机活动中心（NCSA）的 Marc Andressen 开发出一种 UNIX 版的 Mosaic 浏览器，它可以显示图形，并能在超链接间漫游，所有的操作只需利用鼠标就可以完成。Marc 给 WWW 网的超文本语言（HTML）增加了一些新特点，特别是可以显示图像。Mosaic 的设计使用户可十分方便浏览 WWW 网的内容。

有了 Mosaic，作为技术支持的 Internet 受到了公众及媒体的广泛瞩目，并由此真正成为一个国际性的大舞台。而网页设计有了图形化的界面，也逐步由以技术设计为主，转而走上了技术设计与艺术设计相组合的道路。

近年来，随着 Microsoft 公司的 FrontPage，Macromedia 公司的 Dreamweaver、Fireworks、Flash 等可视化专业网页设计及开发工具的出现，网页界面设计不仅仅是计算机人员才能驾驭的技术了。越来越多的网络爱好者、设计爱好者都步入了这个艺术设计的新领域，特别是专业艺术设计人员的介入，使网页设计成为一个新兴的职业。

在我国，网站设计正处于发展时期。网站设计人员也是各大网站制作公司、设计公司争相礼聘的高级人才。网上有许许多多的站点，也不乏精良之作。但仍然可以看到，有许多网站设计的缺陷，其中最为突出的问题有以下几点。

(1) 网站规划和栏目设置不合理

主要表现在栏目设置有重叠、交叉、或者栏目名称意义不明确，容易造成混淆，使得用户难以发现需要的信息，有些网站的栏目过于繁多和杂乱，网站导航系统也比较混乱。

(2) 重要信息不完整

企业介绍、联系方式、产品分类和详细介绍、产品促销等是企业网站最基本的信息，但为数不少的企业网站上这些重要信息不完整，尤其是产品介绍过于简单，有些甚至没有公布任何联系方式。

(3) 网页信息量小

包括两种情况：一种是页面上的内容过少，或者将本来一个网页可以发布的内容分为多个网页，而且各网页之间没有相互链接，需要逐页点击；另一方面是尽管内容总量不少，但有用的信息少，笼统介绍的内容多。

(4) 栏目层次过深

一般来说，重要的信息应该出现在最容易被用户发现的位置，应尽可能缩短信息传递的渠道，以使企业信息更加有效地传递给用户，但由于网站栏目层次过深，用户需要多次点击才能获取有效信息，在这个过程中，一些有兴趣的用户可能已经离开了网站。

(5) 网站缺乏促销意识

促销意识指通过网站向访问者展示产品、对销售提供支持，有多种具体表现方式，如主要页面的产品图片、产品介绍；通过页面广告较好地体现出企业形象或者新产品信息；列出销售机构联系方式、销售网店信息等，但许多网站还缺乏促销意识。

要解决这些问题，提高网站设计的整体水平，就需要重视界面设计，理解界面设计的内涵和特征，并以此为基础进行创造性的工作。

1.2 网站界面的构成要素和要点

1.2.1 网站界面的构成要素

网站界面的构成要素，与传统媒体不同，网页除了文字和图像以外，还包含声音、视频和动画等新兴多媒体元素，借助于编程语言还可以实现各种交互式效果。所以，网页设计者需要全面考虑各种页面元素的排布和优化。

1. 文字

文字元素是信息传达的主体部分，从网页最初的纯文字界面发展至今，文字仍是其他任何元素无法取代的重要构成，这首先是文字信息符合人类阅读习惯，其次因为文字所占存取空间小，节省了下载和浏览时间。网页中的文字主要包括标题、信息、文字链接等主要形式。文字既是占据页面重要比率的元素，又是信息的重要载体，它的字体、大小、颜色和排版对页面的整体设计影响极大，应精心处理。文字的设计编排，在某种程度上比图像元素更难把握。

2. 图形

图形在网页界面中具有重要作用，图形的出现，打破了网页初期单纯的文字界面，也带来了新的直观表现形式，很多网页中，图形占据了页面的很大部分，有时甚至是全部页面。图形往往能引起人们的注意，并激发阅读兴趣，图形给人的视觉印象要优于文字，合理运用图形，可以生动、形象地表现设计主题。网页中常用的图形包括 JPG 和 JIF，这两种格式压缩比高，得到了规范浏览器的支持，下载速度快，具有跨平台的特性，不需要浏览器安装插件即可直接浏览。图形元素主要包括标题、背景、主图、链接图标等 4 种，以图形作为标题和链接可以使网页具有更好的视觉效果，配合文字增强生动性和形象性。需要特别注意的是背景和主图的作用，以图形为背景能衬托主题，增加网页的层次感，使网页不再单调枯燥，并可体现设计者的风格。背景是衬托主题；主图则是突出表现主题；主图是整个网页的视觉中心，它具有直观性的特点，可以为单调的文字信息增强活力，不需要像文字那样去逐句总计，可以不受文化水平的限制，能给人强烈的视觉信息。

3. 多媒体

网页构成中的多媒体元素主要包括音频、视频和动画，这些是界面构成中最吸引人的元素。但设计者应始终牢记以“内容为王”，任何技术的应用都应该以信息的更好传达为中心，不能唯视觉化，不能过分突出视觉效果。

4. 页面版式

页面版式也称页面的构图，版式是网页界面设计的重要组成部分，它将文字、图形等视觉元素进行组合配置，使页面整体视觉效果美观和谐，便于阅读，实现信息传达的最佳效果。

网页界面设计需要设计师综合多方面的知识，与网络艺术、经济学、心理学及美学等领域都有着密切的联系，界面设计的中心是信息传达这一主题。

1.2.2 网站界面设计最基本的技术要素

网页的技术要素并非在任何情况下都能在网页中直观的体现出来，但是却代表了设计的整体水平，也是衡量设计成功的重要标准。

1. 浏览器

由于各种浏览器所支持的 HTML 标准各不相同，所以在设计网页时应该保证成功的设计作品在不同的浏览器下所显现的页面与原设计作品一致，可以使用多种不同的浏览器来测试网页，是一种比较保险的做法。

2. 传输速度

界面设计的视觉成功，不能以牺牲网页下载显示速度为代价，图形是网页界面中最常见的容易造成传输速度缓慢的因素，下面是一些网页图形处理的常用原则：最好不要导入过于庞大的文件；也不要加入过多的多媒体文件；在保证所需清晰度的条件下，尽量压缩图形文件的大小；采用图片分割，切割成若干小图多线程下载；采用尽量少的界面颜色；优化版式；表格排布，使主要页面框架内容先行载入，减少客户端程序（如 Javascript 特效等）的应用。

3. 屏幕分辨率

专业设计人员的标准显示器的屏幕分辨率应工作在1024×768模式下,但是必须考虑在其他较低分辨率下的兼容显示效果,因此在首页上应注明建议使用的分辨率。

4. 颜色显示

通常显示设备的显示模式主要是256色,32378色,65536色,256色可以满足大多数网络图形的颜色要求,如果需要更高精度的图像文件,应该在文件大小和显示质量之间选择平衡。

1.2.3 网站界面设计要点

以下将要介绍的8条要点被称为"黄金规则",它们适用于大多数的交互式系统。这些规则来源于经验并经过20多年的改进,但对于特定的设计领域需要验证和调整。对于每种环境,这些基本原则都必须进行解释、精化和扩展。虽然它们有局限性,但为网站界面的设计人员提供了一个好的起点。

1. 尽可能保证一致

这条规则是最经常被违反的,但完全遵循它也很困难,因为存在太多形式的一致性。类似的操作环境应提供一致的操作序列;相同的术语应该用在提示、菜单和帮助里;颜色、布局、大小写、字体等应当自始至终保持一致。异常情况,如删除命令没有确认提示,密码没有重输,应该容易理解而且要限制其数量。

2. 符合普遍可用性

认识到不同用户的需求,并为可塑性而设计,可以促进内容的转换。新手和专家的差别、年龄范围以及技术多样性等都可以丰富设计需求的内容,从而指导设计。添加适合新用户的特性(例如注解),以及适合专家的特性(例如快捷方式和更快的操作步骤),可以丰富界面设计并改善可以感知的系统质量。

3. 提供信息丰富的反馈

对每个用户操作都应该有对应的系统反馈信息。对于常用的或较次要的操作,反馈信息可以很简短;对于不常用但很重要的操作,反馈信息就应丰富一些。对象的可视化实现可以方便清晰地显示出这种变化。

4. 设计说明对话框以生成结束信息

应当把操作序列分成几组,包括开始、中间和结束3个阶段。一组操作结束后应有反馈信息,这可以使操作者产生完成任务的满足感和轻松感,而且可以让用户放弃临时的计划和想法,并告诉用户,系统已经准备好接受下一组操作。例如,用户在电子商务网站上选择产品一直到结账,最后网站将以一个清晰的确认网页来完成这次交易。

5. 预防错误

应当尽可能地设计不让用户犯严重错误的系统。例如,将暂时不能用的菜单选项灰色显示,以及禁止在数值输入域中出现字母字符等。如果用户犯了错误,界面应当检测到错误,并提供简单的、有建设性的、具体的指导来帮助恢复。例如,如果用户输入了无效的邮政编码,用户不必再次填写整个表单,而应该被引导去修改出错的部分。错误的操作应该让系统状态保持不变,或者界面应当提供关于恢复状态的说明。

6. 允许轻松的反向操作

操作应该尽可能地允许反向。这个特点可以减轻用户的焦虑,由于用户知道错误可以被撤销,这就会鼓励用户去尝试不熟悉的选项。反向操作的单元可以是单独的操作、单个数据输入任务或一组完整操作。

7. 支持内部控制点

有经验的操作者非常希望能控制界面,并希望界面对用户的操作进行反馈。如果用户碰到奇怪的界面行为,进行冗长的数据输入,很难或无法得到所需信息,或者无法进行所需操作,用户就会感到焦虑和不满。

8. 减少短时记忆

由于人凭借短时间的记忆进行信息处理存在局限性(由经验法则可知,人可以记忆5~9个信息块),所以要求显示简单、多页显示统一以及窗口移动频率低,并且要保证分配足够的时间用于学习代码、记忆操作方法和操作序列。另外,还应该提供一个地方,可以对命令语法、缩略语、代码以及其他信息进行适当的在线访问。

在最初设计网站界面的时候,有多种选择,机会看上去似乎是无穷无尽的,可以做的事情远远超出想象。尽管构建网站的潜力无限,但是有很多再平常不过的错误会导致网站设计的失败,无法实现为企业增加附加价值的目标,所以在设计网站界面时一定要注意这些要点。

1.3 网站界面设计原则

网站用户界面是指网站用于和用户交流的外观、部件和程序等。在互联网上,会看到很多网站设计很朴素,但看起来给人一种很舒服的感觉;有的网站很有创意,能给人带来意外的惊喜和视觉的冲击;有些网站页面上充斥着怪异的字体,花哨的色彩和图片,给人一种网页制作粗劣的感觉。网站界面的设计,既要从外观上进行创意以达到吸引眼球的目的,还要结合图形和版面设计的相关原理,使网站设计变成了一门独特的艺术。企业网站界面的设计应遵循以下几个基本原则。

1. 明确内容

如果想成为一个网站设计者,并正想建一个网站,首先应该考虑网站的内容,包括网站功能和用户需要什么。网站的整个设计都应该围绕这些方面来进行,要进行详细的需求分析。

2. 抓住用户

如果用户不能迅速地进入网站,或操作不便捷,网站界面设计就是失败的。不要让用户失望而转向对手的网站。

3. 优化内容

内容是核心。几年前的网站界面设计,企业的网站就像一本广告册子,更糟糕的是,有的网站使用了大量的图片,似乎永远也下载不完,让用户失去耐心。

4. 快速下载

没有什么比要花很长时间下载页面更糟糕的了。作为一条经验,一个标准的网页应该不大于60 kbit/s,通过56 kbit/s调制解调器加载花30 s的时间。

5. 网站升级

时刻注意网站的运行状况。性能很好的网站服务器随着访问人数的增加,可能会运行缓慢。但是,如果不想失去访问者的话,一定要仔细做好网站的升级计划。

6. 坚持基本原则

即使不懂 HTML 语言,只需购买一个有版权的所见即所得的网页设计工具,如 Adobe PageMill 或 Microsoft FrontPage Express 或 Dreamweaver 等,就可以创建一个看起来很合理的网站。但是,在设计时,这些软件包虽然不需要 HTML,却使网站速度下降。为了成功地设计网站,必须理解 HTML 是如何工作的。大多数的网站设计者建议网络新手应从有关 HTML 的书中去寻找答案,用记事本来制作网页。

7. 学习 HTML

用 HTML 设计网站,可以控制设计的整个过程。但是,网站设计的新手,就应该寻找一个允许修改 HTML 的软件包。Dreamweaver 8 软件是一个很好的网页制作与设计工具。在设计过程中,Dreamweaver 8 能帮助学习 HTML。它还允许切换到所见即所得的模式,以便在把网站发送到服务器之前,预览网站。

8. 用笔画一个网站的框架

在用计算机设计之前,应用笔画一个网站的版式,显示出所有网页元素的相互关系。计划好用户如何以最少的时间浏览网站。

9. 网站地图

许多设计者把网站地图放在网站上,这种做法,却是弊大于利。绝大部分的访问者上网是寻找一些有用的信息,访问者对于网站是如何工作的,并没有兴趣。如果觉得网站需要地图,那很可能是需要改进导航系统和工具条。

10. 点击规则

网站设计中有一个著名的“三次单击”原则,即网站的任何信息都应该在三次单击后找到。网站的结构层次太多,会使得有价值的信息被埋在层层的链接之后,访问者将缺乏足够的耐心去找到它,当然,现在的大型网站往往有成千上万的网页,那么它的层次结构一定不会很浅,除了尽量压缩网站的结构层次外,也可以通过提供网站结构图片的方式帮助访问者尽快找到感兴趣的信息。

11. 特殊字体的应用

虽然可以在 HTML 中使用特殊的字体,但是,不可能预测访问者的计算机上将看到什么。在设计者的计算机里看起来相当好的页面,在另一个不同的平台上看起来可能非常糟糕。一些网站设计员喜欢使用特殊字体来定义特性,但应采用一些必要的方法以免所选择的字体在访问者的计算机上不能显示。级联样式表(CSS)有助于解决这些问题。

12. 检查错别字

好的拼写是设计者应具有的重要技能,遗憾的是,许多设计者都缺少这种技能。要确保拼写正确,应格外注意平常容易误写的错别字。

13. 避免长文本页面

在一个站点上有许多只有文本的页面,是令人乏味的也很浪费。网页如果有大量的基于文本的文档,应当以 Adobe Acrobat 格式的文件形式来放置,以便访问者能离线阅读。

1.4 网站界面与软件界面的异同

网站界面设计和传统的软件用户界面设计是有区别的。网站设计师必须放弃对界面的完全控制,让用户和他们的客户端软/硬件来决定一部分。

当然,网站界面设计和传统的用户界面设计(UI Design)还是有很多相似之处的:最基本一点,它们的目的都是希望能更好的和用户进行交互,都属于软件设计范畴而不是物理设计范畴。

1. 设备的多样性

在传统软件界面设计里,设计者能够控制每一个像素:制作一个对话框的时候,可以确定它在用户屏幕上的真实尺寸。知道那里安装了什么字体,知道典型的显示器尺寸有多大,操作系统的作者会给出窗口装饰的规则。

在网上,用户可能通过一台传统的计算机访问网站,也可能在用一个 WebTV,或在使用可用笔点击的手持式设备,或者是移动电话,甚至汽车就是一个 Internet 设备。在传统设计里,笔记本电脑和高端工作站屏幕的区别可能只有 6 种。在网上,必须应付手持的设备和工作站的屏幕区别可能有上百种。

任何一个网站设计在不同的设备上看起来都大不一样:显然,所见即所得已经不完全适用了,看上去不同是一个特点,而不是个毛病,因为最佳的用户经验是需要根据设备的不同特征予以适当地调节。很特别的或者很低端的设备,都严格的要求网站内容适应特定的平台。达到这一目标的唯一道路就是放弃对界面的完全控制,让网页展现取决于页面描述、特殊设置和客户端设备特性的相互影响。

为每个不同的平台设计一个抽象的用户界面描述比听起来困难得多。基本的 HTML 法则可以给设计师提供一个实现创意的好方法,但是不能提供给设计师所有的方法。一般都提倡把内容和描述分离,使用级联样式表定义描述,但是这样做更利于信息内容本身而非交互操作。

2. 用户控制导航

在传统的软件界面设计中,设计师可以控制用户什么时候可以去哪儿。不想让某个菜单项工作,可以让菜单变灰。也可以弹出一个对话框中止计算机的运行,直到用户回答了问题。

在网上,用户从根本上控制了自己使用网页的行为。用户可以抄小路而不受设计师的任何影响:例如,用户可以从搜索引擎直接进入网站内部,而不必经过首页。用户还可以控制自己的书签菜单,并利用它建立起一个网站的个人化接口。

网站设计师需要配合并支持这种用户可控制的使用方式。虽然有时可以强制用户使用特定的路径,阻止用户链接某些页面,但这么做就显得过分的专制,所以最好能设计得自由一些,例如,在每一页放一个链接到首页的图标,给那些直接进入该页的人提供一个返回首页的导航。

3. 所有网站应是一个整体

传统的应用程序是一种封闭式的用户经验:尽管 Windows 系统允许应用程序相互切换并且可以同时运行多个程序,但是在任一时刻,用户其实是处于一个单一的应用程序之中,而且只有针对这个程序的命令和一些动作起作用。

在网站方面,用户在不同的网站之间,不同的设计(也就是网站)之间转换,具有相当的流动性。很少有人见一个网站就花上几分钟去看。用户经常通过超链接从这个网站跳到那个网站。这种情况下,对于用户的感觉,所有的网站是一个整体,而不是某个特定的网站。也就是说,用户需要每一个网站的使用习惯都是一样的,都是用户对整个网络的使用习惯的一部分,而不是每个网站都有它不同的习惯。在可用性研究中,用户经常抱怨那些用法离谱的网站不好使。换句话说,网络已经变成了一个整体的概念,每一个网站都是这个概念的一部分。

当然,传统软件界面设计也是某个整体的一部分,遵循操作系统厂商的设计规则是比较明智的。关键是在网站设计中,个性化设计与整体设计之间的天平倾向了整体。但是网站设计师没有已确立的网站设计规则,没人提供应该如何运用界面元素建立一个符合整体概念的网站。

1.5　常用工具软件简介

要进行网站界面设计的第一件事情,就是选择合适的工具软件,常用的工具软件如下所述。

1.5.1　Photoshop

Photoshop 是 Adobe 公司推出的跨越 PC 和 MAC 两界首屈一指的大型图像处理软件。它功能强大,操作界面友好,得到了广大第三方开发厂家的支持,从而也赢得了众多用户的青睐。

Adobe 每一次推出新版总会有令人惊喜的重大革新。Photoshop 从当年名噪一时的图形处理新秀,经过 3.0,4.0,5.0,5.5 等的不断升级,直到目前最新的 CS4 版,功能越来越强大,处理领域也越来越宽广,逐渐建立了图像处理的霸主地位,如图 1-3 所示。

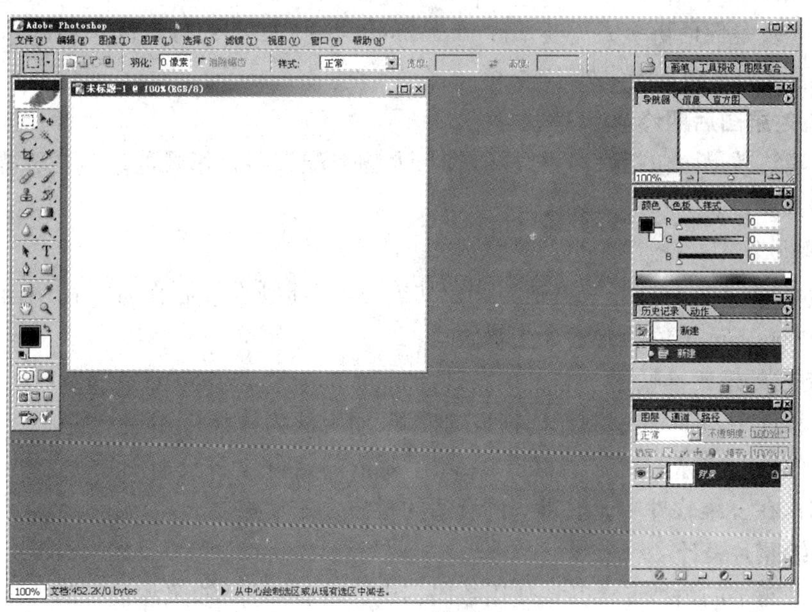

图 1-3　Photoshop 软件的界面

Photoshop 支持众多的图像格式,对图像的常见操作和变换做到了非常精细的程度,使得其他任何一款同类软件都无法望其颈背,它拥有异常丰富的插件(在 Photoshop 中叫作滤镜),熟练后自然能体会到“只有想不到,没有做不到”的境界。而这一切,Photoshop 都提供了相当简捷和自由的操作环境,从而使用户的工作游刃有余。从某种程度上来讲,Photoshop 本身就是一件经过精心雕琢的艺术品。

Photoshop 的应用领域很广泛,在图像、图形、文字、视频、出版各方面都有涉及,如下所述。

1. 平面设计

平面设计是 Photoshop 应用最为广泛的领域,无论是图书封面,还是街上看到的招帖、海报,这些具有丰富图像的平面印刷品,基本上都需要 Photoshop 软件对图像进行处理。

2. 修复照片

Photoshop 具有强大的图像修复功能。利用这些功能,可以快速修复一张破损的老照片,也可以修复人脸上的斑点等缺陷。

3. 广告摄影

广告摄影作为一种对视觉要求非常严格的工作,其最终成品往往要经过 Photoshop 的修改才能得到满意的效果。

4. 影像创意

影像创意是 Photoshop 的特长,通过 Photoshop 的处理可以将原本风马牛不相及的对象组合在一起,也可以使用"狸猫换太子"的手段使图像发生面目全非的巨大变化。

5. 艺术文字

当文字遇到 Photoshop 处理,就已经注定不再普通。利用 Photoshop 可以使文字发生各种各样的变化,并利用这些艺术化处理后的文字为图像增加效果。

6. 网页制作

网络的普及是促使更多人需要掌握 Photoshop 的一个重要原因。因为在制作网页时 Photoshop 是必不可少的网页图像处理软件。

7. 建筑效果图后期修饰

在制作建筑效果图包括许多三维场景时,人物与配景包括场景的颜色常常需要在 Photoshop 中增加并调整。

8. 绘画

由于 Photoshop 具有良好的绘画与调色功能,许多插画设计制作者往往使用铅笔绘制草稿,然后用 Photoshop 填色的方法来绘制插画。

9. 绘制或处理三维帖图

在三维软件中,如果能够制作出精良的模型,而无法为模型应用逼真的帖图,也无法得到较好的渲染效果。实际上在制作材质时,除了要依靠软件本身具有材质功能外,利用 Photoshop 可以制作在三维软件中无法得到的合适的材质也非常重要。

10. 婚纱照片设计

当前越来越多的婚纱影楼开始使用数码相机,这也使得婚纱照片设计的处理成为一个新兴的行业。

11. 视觉创意

视觉创意与设计是设计艺术的一个分支,此类设计通常没有非常明显的商业目的,但由于 Photoshop 为广大设计爱好者提供了广阔的设计空间,因此越来越多的设计爱好者开始学习 Photoshop,并进行具有个人特色与风格的视觉创意。

12. 图标制作

虽然使用 Photoshop 制作图标在感觉上有些大材小用,但使用此软件制作的图标的确非常精美。

13. **界面设计**

界面设计是一个新兴的领域,已经受到越来越多的软件企业及开发者的重视,虽然暂时还未成为一种全新的职业,但相信不久一定会出现专业的界面设计师职业。在当前还没有用于做界面设计的专业软件,因此绝大多数设计者使用的都是 Photoshop。

1.5.2 Fireworks

Fireworks 是 Macromedia 公司开发的,用于绘制图形、加工图像、制作动画和制作网页的软件,它与 Dreamweaver 和 Flash 有网页梦幻组合之称。它们越来越受到多媒体和网页制作的专业人员以及电脑爱好者的宠爱。

Fireworks 是一个将矢量图形处理和位图图像处理合二为一的专业化的 Web 图像设计软件,使 Web 作图发生了革命性的变化。它可以导入各种图像文件,可以直接在点阵图像状态和矢量图形状态之间进行切换,编辑后生成 PNG 图像文件,也可以生成其他格式的文件。它还可以直接生成包含 HTML 和 JavaScript 代码在内的动态图像,甚至可以编辑整幅的网页,使图形以最简洁的方式在网上淋漓尽致地体现其魅力,如图 1-4 所示。

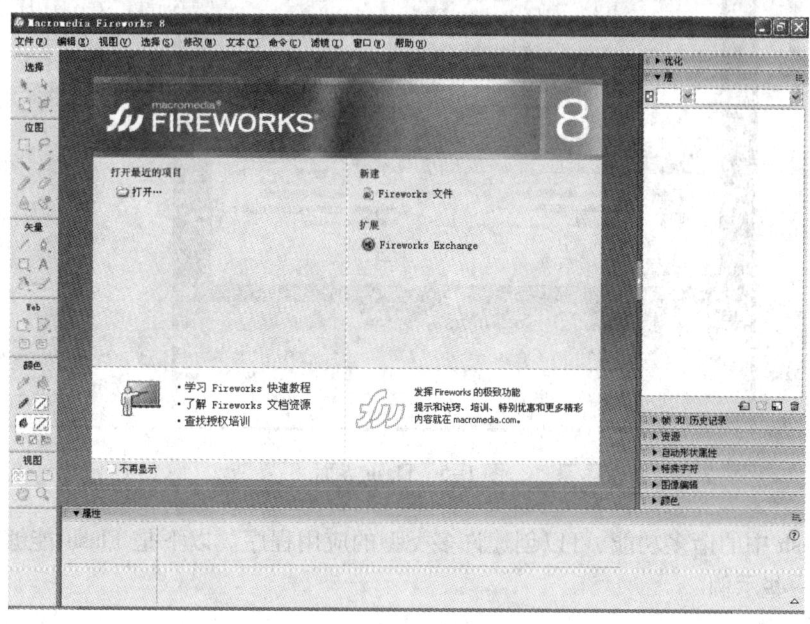

图 1-4 Fireworks 界面

Fireworks 不同于 FreeHand 和 Photoshop,它并不局限于创建矢量图或处理位图,而是综合了它们双方的某些特性。Fireworks 是一个可以同时编辑位图和矢量图形的软件,而其他图形图像软件总是偏重于某一方面。为此,Fireworks 拥有两种图形编辑模式:位图编辑模式和矢量图编辑模式。在 Fireworks 中,可以非常方便地在矢量图编辑模式和位图编辑模式之间进行切换。

可以将 Fireworks、Dreamweaver 和 Flash 看成是一个整体,它们基于基本相同的设计思想,具有基本相同的工作环境和操作方法,都可以直接制作网页,只是侧重面不一样。它们之间有着高度的交互性。在掌握了 Dreamweaver 和 Flash 的使用方法后,再学习 Fireworks 会感到非常亲切,并可以快速掌握。

1.5.3 Flash

Flash 是 Macromedia 公司的一个网页交互动画制作工具。可以从 Macromedia 公司的主页上下载 Flash 的试用版。与 Gif 和 Jpg 不同，用 Flash 制作出来的动画是矢量的，不管怎样放大、缩小，它还是清晰可见。用 Flash 制作的文件很小，这样便于在互联网上传输，而且它采用了流技术，只要下载一部分，就能欣赏动画，而且能一边播放一边传送数据。交互性更是 Flash 动画的迷人之处，可以通过点击按钮、选择菜单来控制动画的播放。正是有了这些优点，才使 Flash 日益成为网络多媒体的主流，由于其功能强大，经过多年发展，现在已经成为动画制作的一个重要工具，如图 1-5 所示。

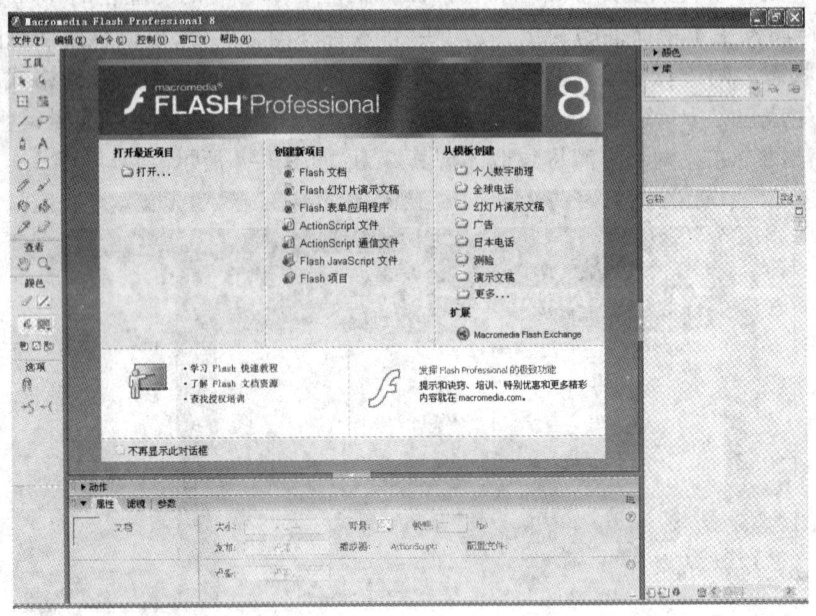

图 1-5　Flash 界面

使用 Flash 中的诸多功能，可以创建许多类型的应用程序。以下是 Flash 能够生成的应用程序种类的一些示例。

1. **动画**

包括横幅广告、联机贺卡、卡通画等。许多其他类型的 Flash 应用程序也包含动画元素。

2. **游戏**

许多游戏都是使用 Flash 构建的。游戏通常结合了 Flash 的动画功能和 ActionScript 的逻辑功能。

3. **用户界面**

许多网站设计人员使用 Flash 设计网站的界面。它可以是简单的导航栏，也可以是复杂得多的界面。在 www.macromedia.com.cn 主页的顶部，可以找到用 Flash 创建的导航栏的示例。

4. **灵活消息区域**

设计人员使用网页中的这些区域显示可能会不断变化的信息。例如餐厅网站上的灵活消息区域可能显示每天的特价菜单。

5. 丰富 Internet 应用程序

这包括多种类别的应用程序，它们提供丰富的用户界面，用于通过 Internet 显示和操作远程存储的数据。丰富 Internet 应用程序可以是一个日历应用程序、价格查询应用程序、购物目录、教育和测试应用程序，或者任何其他使用丰富图形界面提供远程数据的应用程序。

1.5.4 Dreamweaver

专业级的网页制作工具软件首推 Dreamweaver，它简单易学，功能强大，Macromedia Dreamweaver MX 提供了更多功能强劲的可视化设计工具、应用开发环境以及代码编辑支持。使开发人员和设计师能够快捷的创建代码规范的应用程序，集成程度非常高，开发环境精简而高效，开发人员能够运用 Dreamweaver 与它们的服务器技术构建功能强大的网络应用程序衔接到用户的数据、网络服务体系。

Dreamweaver 8 提供基于强大的规范管理来确保高质量的设计，设计环境提供 CSS 迅速高效的开发代码简洁、专业规范的站点，如图 1-6 所示。

图 1-6　Dreamweaver 8 工作界面

1.5.5 其他设计工具

CorelDRAW 是加拿大 Corel 公司推出的最新版软件。它融合了绘画与插图、文本操作、绘图编辑、桌面出版及版面设计、追踪、文件转换等高品质的输出于一体的矢量图绘图软件，并且在工业设计、产品包装造型设计、网页制作、建筑施工与效果图绘制等设计领域中得到了极为广泛的应用。

Adobe Illustrator 是一套被设计用来输出及网页制作双方面用途、功能强大且完善的绘图软件包，这个专业的绘图程序整合了功能强大的向量绘图工具、完整的 PostScript 输出，并和

Photoshop 或其他 Adobe 家族的软件紧密地结合。第 10 版增加了诸如 Arc、矩型网格线(Rectangular Grid)以及坐标网格线(Polar Grid)工具等新的绘图及自动化优点;增加编辑的灵活度以及标志(编辑主要的对象或图像复制)。用户可以运用笔刷及其他如合并、数据驱动坐标等在工具列上的创造工具,帮助建立连接到数据库的样版。新的 Illustrator 还提供更多的网络生产功能,包括裁切图像并支持可变动向量绘图档(SVG)增强。

PageMaker 是由创立桌面出版概念的公司之一 Aldus 于 1985 年推出,后来在升级至 5.0 版本时,被 Adobe 公司在 1994 年收购。PageMaker 提供了一套完整的工具,用来产生专业、高品质的出版刊物。它的稳定性、高品质及多变化的功能特别受到使用者的赞赏。PageMaker 是平面设计与制作人员的理想伙伴,主要用来处理图文编辑,菜单全中文化,界面及工具的使用十分的简洁灵活,对于初学者来说很容易上手。因此目前诸多的广告公司、报社、制版公司、印刷厂等都已采用了 PageMaker 作为图文编排的首选软件;PageMaker 的使用把以前落后粗糙的徒手设计——上色——手工制版的繁重过程,简化到了设计人员在电脑上一步即可完成,而且同时又给设计节省出大量的宝贵时间,思维空间也得以开拓。而制作人员也从繁重的体力劳动得以解脱,真可谓是两全其美的软件。

1.6 习题

1. 简述网站界面设计的重要性。
2. 简述网站界面设计的主要原则。
3. 列举网站界面设计主要用到的工具软件。

第 2 章　网站界面设计中的色彩

本章要点

- 色彩的作用
- 色彩的基本原理
- 色彩设计的心理效应

网站不光是基本的营销工具，还象征着公司、产品及其服务，它还可以反映公司的个性、意识形态以及哲学理念。大型公司往往会花费巨资来决定在产品包装上使用哪种颜色的商标。事实上这正是由于理想的混合色可以提高产品的收益率。所以，在设计网站上也有着相同的准则。

颜色将对用户的心理和生理上产生不同程度的影响。网站所使用的颜色排布会产生戏剧性的效果，对潜在成功产生正面或负面的影响。在网站的设计过程中颜色是重要的元素之一，是图形设计和布局设计中的重点。

2.1　色彩的作用

网页设计不仅要掌握基本的网站制作技术，还需要掌握网站的风格、配色等设计艺术。色彩在网站界面设计中占据相当重要的地位。有些网页看上去十分典雅、有品位，令人赏心悦目，但是页面结构却很简单，图像也不复杂，这主要是色彩运用得当所取得的效果。

1. 划分视觉区域

网页上的信息往往很多、很繁杂，怎样对其做有效的划分，使之井然有序？色彩是最有效的划分方式，可以在网页上添加不同色块作为背景，划分出不同的区域，这样看上去会非常有序。可以用色块来划分视觉区域，如图 2–1 所示，也可以用色带来划分视觉区域，如图 2–2 所示。

2. 引导主次

色彩有明暗区别，还有面积大小的区别，当两个以上色彩同时存在的时候，就会产生对比关系，在阅读的时候就会形成一先一后的视觉效应，可以借此来安排主要的内容和次要的内容，使主次分明、层次清晰，如图 2–3 所示。

3. 烘托主题

色彩能给人不同的心理感受，可以根据网页内容来选择一个主色调，用来烘托主题。例如，绿色常常给人草地、树叶的联想，可以采用绿色来表现自然、环保的主题，如图 2–4 所示。

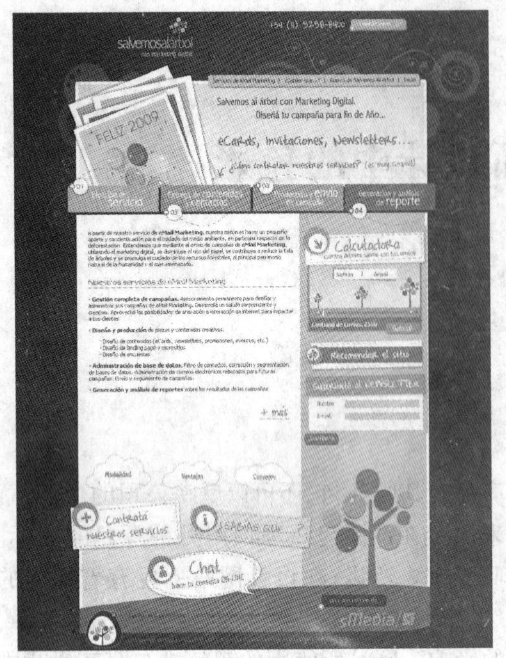

图 2-1　色块划分视觉区域 　　　图 2-2　色带划分视觉区域

图 2-3　色彩引导主次

图 2-4　色彩烘托主题

2.2　色彩的基本原理

物体表面色彩的形成取决于 3 个方面:光源的照射、物体本身反射一定的色光、环境与空间对物体色彩的影响。

2.2.1　光与色彩

1. 光谱

1666 年,英国科学家牛顿为探究光的奥秘,把太阳光从一个细缝引进暗室,光通过三棱镜后,折射出了一条连续的色带,依次为红、橙、黄、绿、青、蓝、紫,这种现象称作光的分解或光谱,由此得出结论“白光是所有色光的复合”。光的分解,如图 2-5 所示。

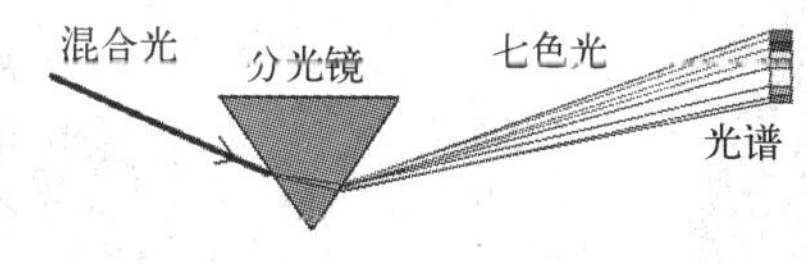

图 2-5　光的分解

2. 光源色

由各种光源发出的光,光波的长短、强弱、比例性质不同,形成了不同的色光,叫做光源色。光源很多,如日光、月光、灯光、火光等,这些光作用于物体后所呈现的颜色各有不同,色彩学以白色日光作为标志来解释光和色的物理现象,以此制定统一的色彩标准。

3. 固有色

物体本身不发光,是光源色经物体的吸收、反射,反映到视觉中的光色感觉。习惯上把白色阳光下物体呈现出来的色彩效果总和称为固有色,在白色日光下看到的物体色彩,其实由于光线的变换,物体周围环境发生改变,所形成的物体固有色也会改变。一般来讲,物体呈现固有色最明显的地方是受光面与背光面之间的中间部分，也就是素描调子中的灰部，称之为半调子或中间色彩。因为在这个范围内，物体受外部条件色彩的影响较少，它的变化主要是明度变化和色相本身的变化，它的饱和度也往往最高。

4. 环境色

环境色是指在光照下的物体受环境影响改变固有色而显现出一种与环境一致的颜色。环境色即是条件色，并非指物体周围环境本身的颜色，而是受到光源的照射，物体表面吸收了部分色光，同时也反射了部分色光到周围的物体上，使物体固有色相互产生影响。例如一只放在红布上的白瓷杯，除了呈现出光源色和固有色混合而成的白的色彩和阴影部分外，又映上一层红色的反光，如图 2-6 所示。

图 2-6　环境色对固有色的影响

提示：彩色显示器的屏幕可以发出 3 种基色：红（Red）、绿（Green）、蓝（Blue），由这 3 种基色光叠加、混合产生不同的颜色，就是常用的 RGB 色彩模式。如紫 = 蓝 + 红，如图 2-7 所示。RGB 模式的相反模式就是 CMYK 模式，是用于打印输出的色彩模式。即青色（Cyan）、洋红色（Magenta）、黄色（Yellow）、黑色（black），使用减色混合法来产生颜色，减色法是指从白光中减去其中一种或两种基色光而产生其他色彩的彩色合成法。如黄色染料是由于吸收了白光中的蓝光，反射红光和绿光的结果，即黄 = 白 - 蓝。颜色信息由 0 ~ 100 的亮度值来表示，因此它所显示的颜色比 RGB 颜色模式要少，如图 2-8 所示。

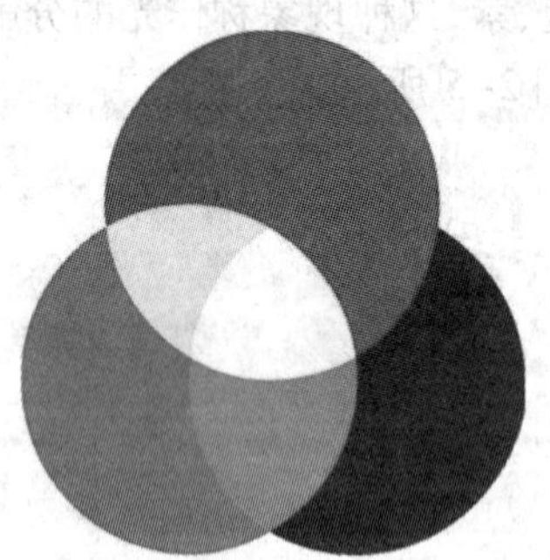

图 2-7　加色法

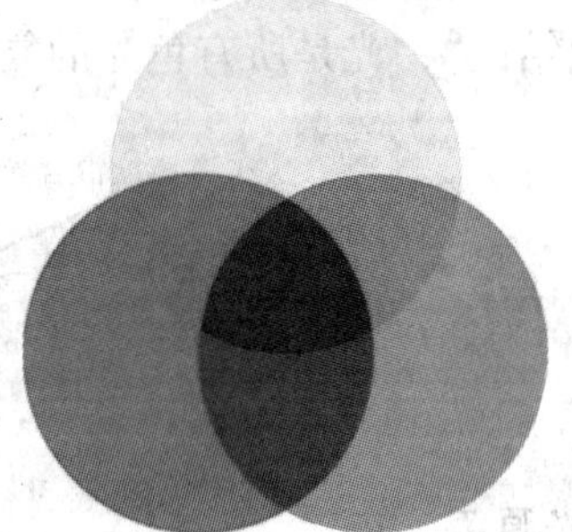

图 2-8　减色法

2.2.2　色彩的三要素

1. 色相

色相是指色彩的相貌，这是色彩最基本的特征，是色彩之间相互区别的最主要的因素。每个色彩都有自己的名称,并不能用“深”、“浅”来形容。色相的排列往往是根据光的波长进行的,即红、橙、黄、绿、青、蓝、紫这样一个渐变的过程,可以用色相环来表示。

2. 明度

明度是指色彩明暗的程度或亮度。从色相上看,不同颜色之间存在明度差异,其中明度最高的是黄色,明度最低的是紫色。另外,由于物体发光的强弱不一,会产生不同的明暗层次,如受光的部分亮,而背光的部分暗。在设计中,可以于同一色相中加入不等量的白色或黑色来改变明度。

3. 纯度

纯度是指色彩纯净的程度或艳度、饱和度等。在色光中,单色光纯度最高;而在颜料中,红、黄、蓝三原色的纯度是最高的。一种色只要和任何一种色相互混合,纯度都会降低,混合越多,纯度越低。

2.3 色彩设计的心理效应

2.3.1 色彩的感觉

1. 冷暖

色相环上的色相大体可以分为两部分,红、橙、黄能使观者心跳加快,血压升高,使人产生热的感觉。给人的心理感觉为:热烈、热情、刺激、有力量、喜庆等。而蓝、紫蓝、蓝绿能使人血压降低,心跳减慢,产生冷的感觉。给人的心理感觉为:寒冷、清爽、空间感,如图 2-9 ~图 2-11 所示。

极暖色:橙

暖色:红、黄

中性微暖:红紫、黄绿

极冷色:蓝

冷色:监紫、监绿

中性微冷:紫、绿

图 2-9　暖、冷色相

图 2-10　暖色调页面

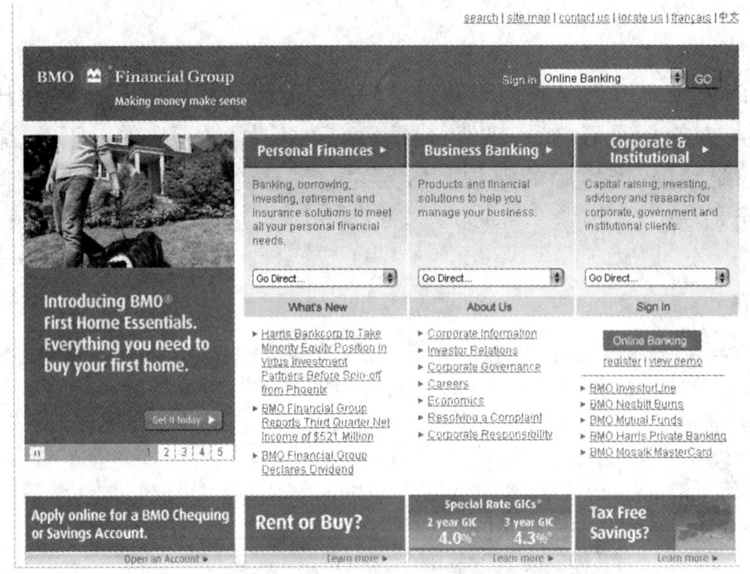

图 2-11　冷色调页面

2. 进退和胀缩

当两个以上的同形、同面积的不同色彩，在同样的背景衬托下，会感觉一个色彩前进，而另一个色彩后退。前进的色彩感觉会膨胀，而后退的色彩感觉会收缩，如图 2-12、图 2-13 所示。

色相方面，膨胀感：红、橙、黄等暖色；收缩感：蓝、蓝绿、蓝紫等冷色。

明度方面，膨胀感：明度高、亮；收缩感：明度低、黑暗。

纯度方面，膨胀感：高纯度、鲜艳；收缩感：低纯度、灰浊。

图 2-12　色彩的进(胀)、退(缩)感

图 2-13　进(胀)、退(缩)感页面

3. 积极和消极

不同的色彩刺激会产生不同的情绪反射,能使人感觉鼓舞的色彩称之为积极兴奋的色彩;而使人消沉或感伤的色彩称之为消极的色彩,如图 2-14 所示。

色相方面,积极感:红、橙、黄等暖色;消极感:蓝、蓝绿、蓝紫等冷色。

明度方面,积极感:高明度;消极感:低明度。

纯度方面,积极感:高纯度;消极感:低纯度。

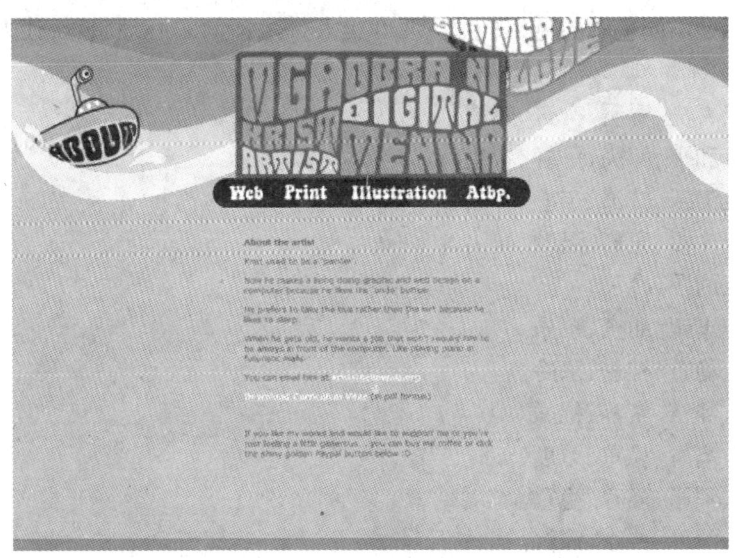

图 2-14　积极感的页面

4. 奢华和素雅

除色相、明度、纯度外，从质感上看，质地细密而有光泽给人奢华的感觉，酥软、无光泽会给人素雅的感觉，如图 2-15 所示。

色相方面，奢华感：红、橙、黄等暖色；朴素感：蓝、蓝绿、蓝紫等冷色。

明度方面，奢华感：高明度；朴素感：低明度。

纯度方面，奢华感：高纯度；朴素感：低纯度。

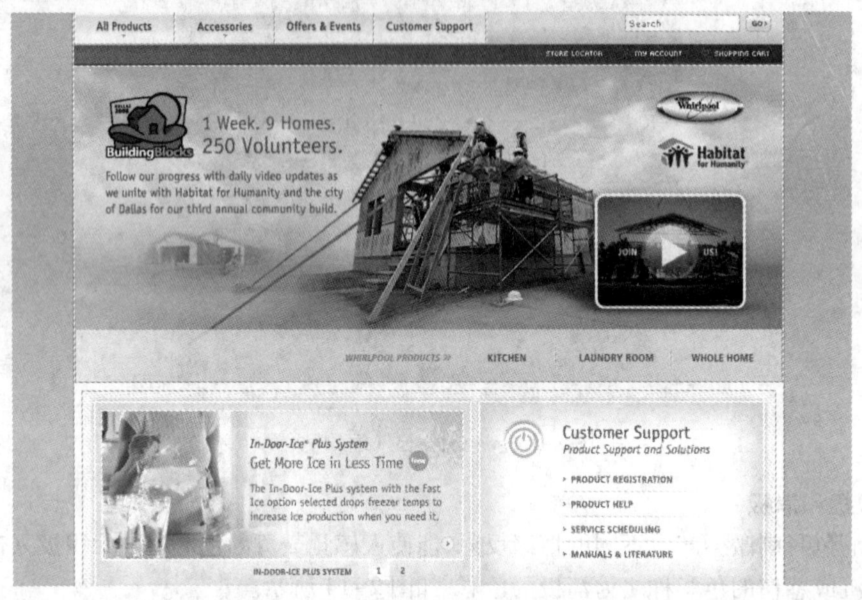

图 2-15　朴素感的页面

2.3.2 色彩的情感

色彩的情感是不同色彩的色相、色度、明度给人带来不同的心理暗示，让人产生的一系列的联想。

红色：热烈、喜庆、温暖、奋进、热情。

绿色：生机、和平、凉爽、平静、希望。

蓝色：广阔、清新、冷清、宁静、静寂。

黄色：高贵、庄重、光辉、温顺、光明。

青色：坚强、圆顺、冷清。

橙色：华美、丰硕、甜蜜、享乐。

紫色：深沉、稳重、神密、寒冷。

白色：神圣、纯洁、素静、稚嫩。

黑色：神密、高贵、稳重、力度。

灰色：平和、浑厚、温存、稳重。

褐色：沉稳、淳厚、严密、深沉。

金色：贵重、高雅、华丽、正统。

银色：高洁、素雅、柔软、明亮。

1）红色为主色调的网页设计，如图 2-16 所示。

- 大面积红色给人热情、兴奋、激动的感觉，营造出很强的舞台气氛。

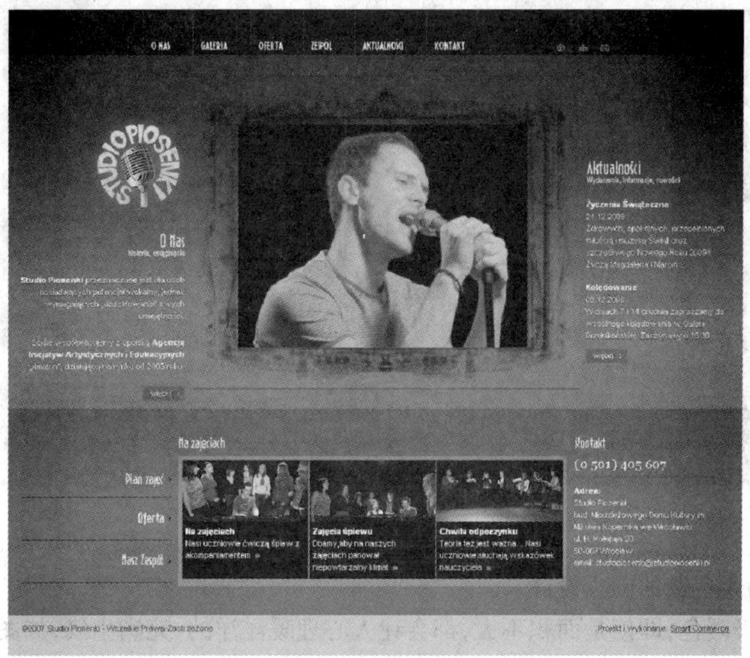

图 2-16　红色主调

- 在黄灰色衬托下，深红色的明度随之降低，显现出沉稳、深邃、恬静，如图 2-17 所示。

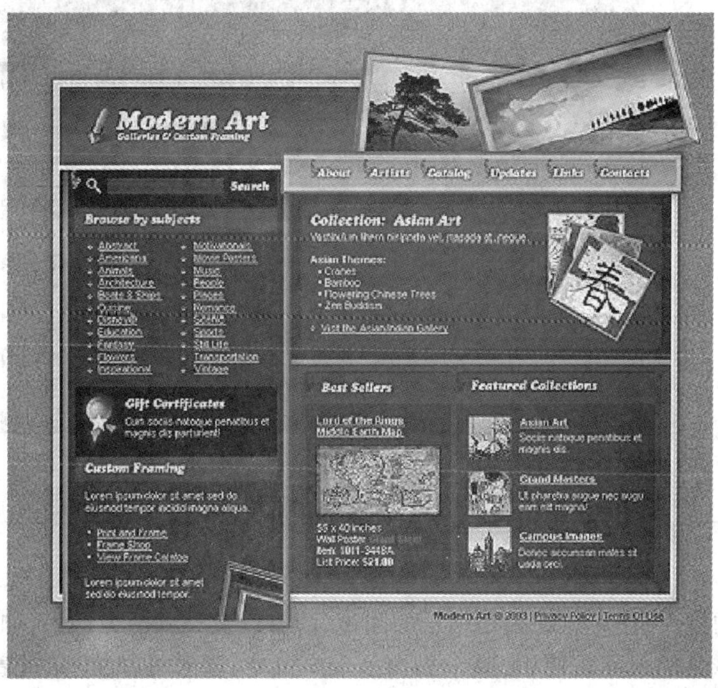

图 2-17　红色主调

● 高纯度的红色成为主导页面的色彩，显出欢快、轻松、灵动的感觉，如图 2-18 所示。

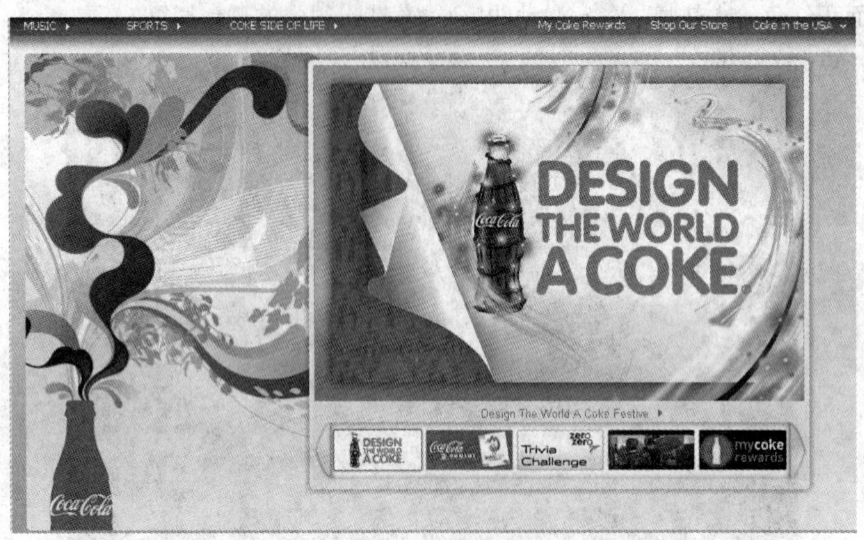

图 2-18　红色主调网页

2）橙色为主色调的网页设计。

● 橙色是极暖色，即使是面积不大，都会让人心理暖洋洋的，充满生气，如图 2-19 所示。

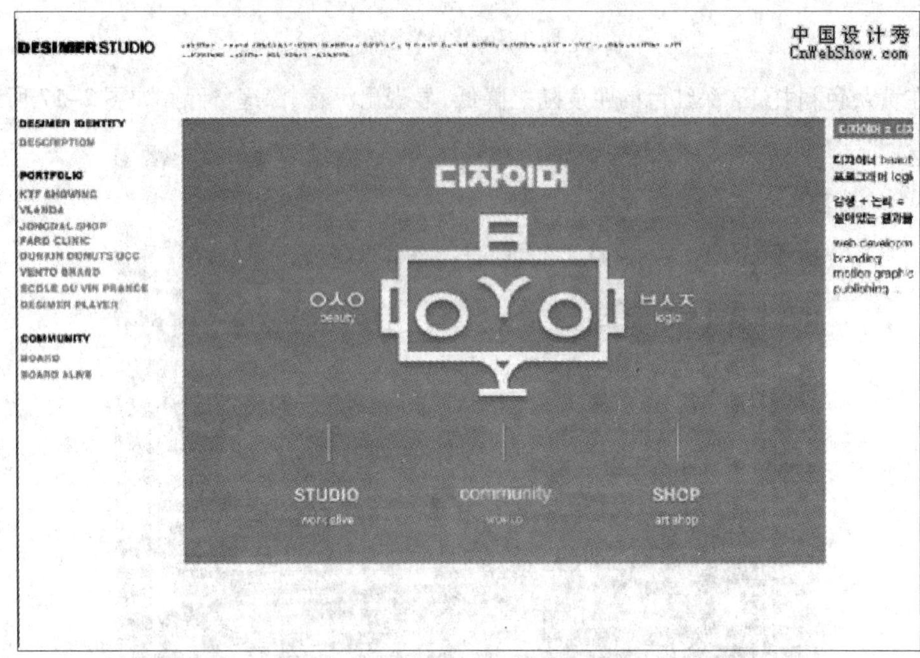

图 2-19　橙色主调网页

● 高纯度的橙色，让人想到的是桔子的甜蜜、清香以及充满活力四射，如图 2-20 所示。

● 低明度橙色的大面积使用，整个页面呈现出古典、温馨，同时也象征着辉煌、收获，如图 2-21 所示。

图 2-20　橙色主调网页

图 2-21　橙色主调网页

3）黄色为主色调的网页设计。

● 少量的高纯度黄色，显得格外亮丽、醒目，让人眼前一亮，如图 2-22 所示。

图 2-22　黄色主调网页

● 黄色的主调，明快、高贵、雅致，大面积使用会让人感到不安，蓝色和黑色的使用起到中和的作用，降低了明度，如图 2-23 所示。

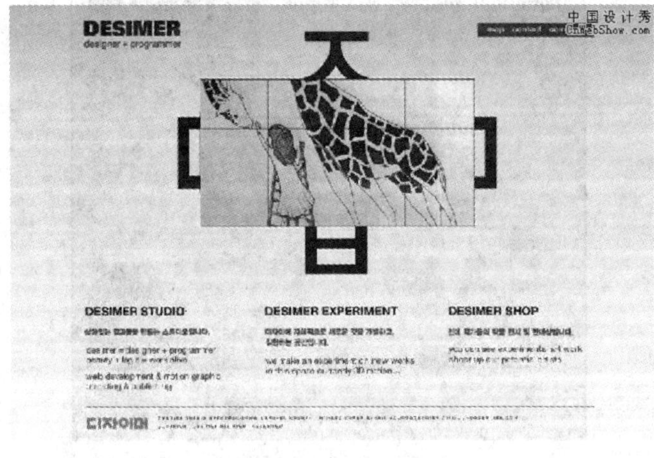

图 2-23　黄色主调网页

● 纯度较低的黄色和黑色的搭配，体现怀旧、神秘、古典的特质，如图 2-24 所示。

图 2-24　黄色主调网页

4）绿色为主色调的网页设计。

● 浅绿色让人非常放松，立刻感受到舒适、恬静，舒缓眼部疲劳，如图 2-25 所示。

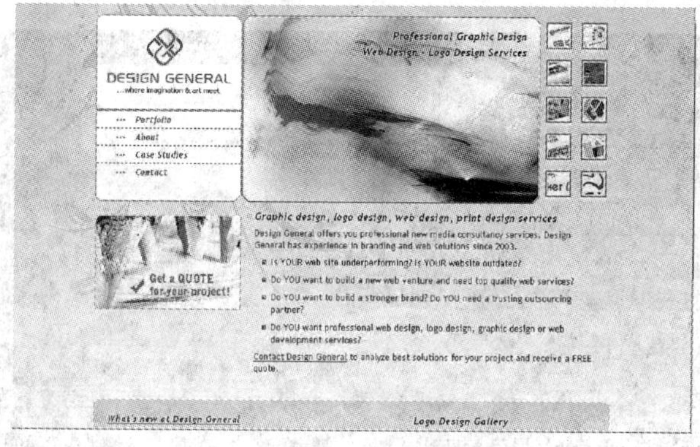

图 2-25　绿色主调网页

● 多种绿色传递着清新、活力、青春的气息，如图 2-26 所示。

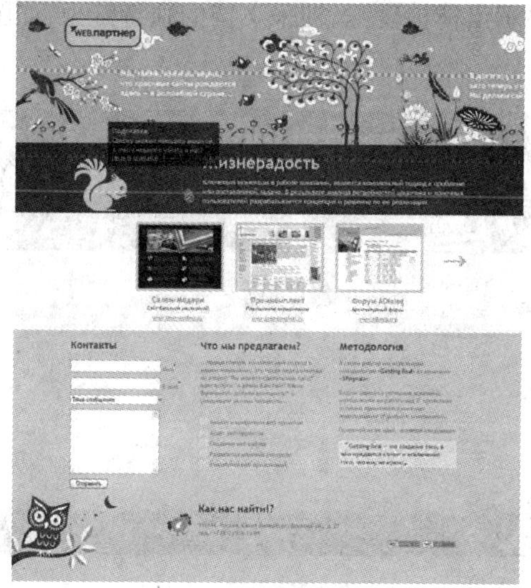

图 2-26　绿色主调网页

- 明度较低的绿色有安全、和睦、宁静、柔和的感觉，如图 2-27 所示。

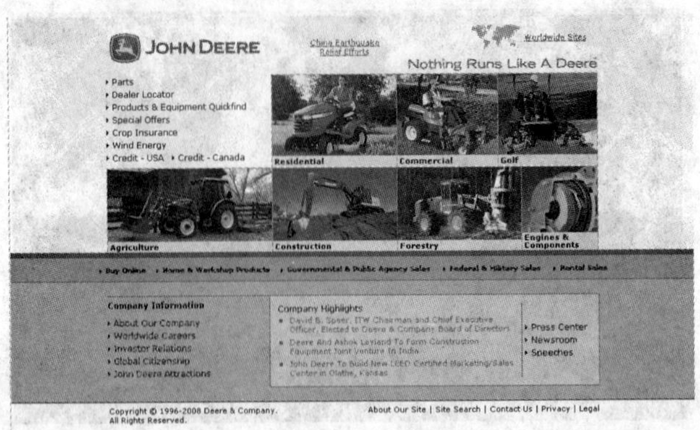

图 2-27　绿色主调网页

5）蓝色为主色调的网页设计。

- 以较暗的蓝色为主调，体现出冷静、理性、严谨的特点，如图 2-28 所示。

图 2-28　蓝色主调网页

- 纯度极高的蓝色，显示出精神矍铄、神采飞扬的独特魅力，如图 2-29 所示。

图 2-29　蓝色主调网页

● 浅蓝色体现的清新、淡雅、凉爽感觉，仿佛让人如浴清泉，如图 2-30 所示。

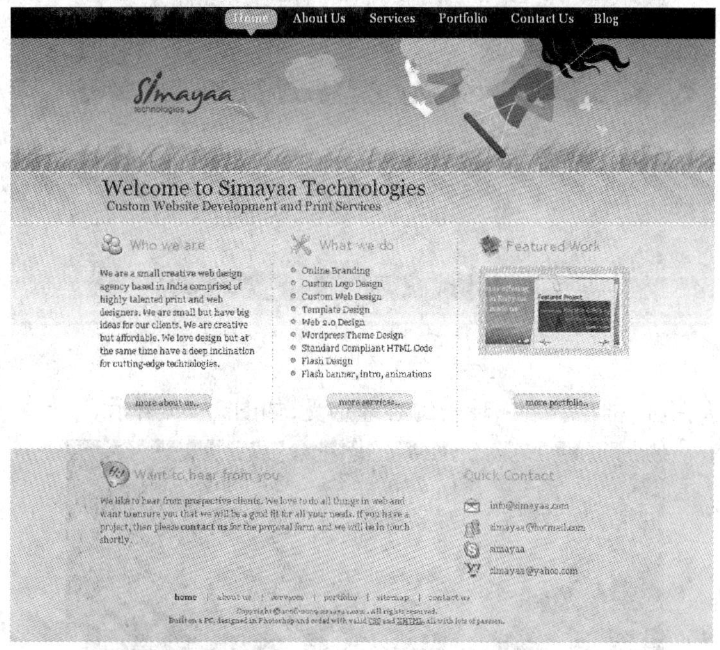

图 2-30　蓝色主调网页

6）紫色为主色调的网页设计。

● 淡淡的紫色，萦绕出清新、雅致、秀丽的氛围，如图 2-31 所示。

图 2-31　紫色主调网页

● 高纯度的紫色能体现女性妩媚、浪漫、华贵的魅力，如图 2-32 所示。

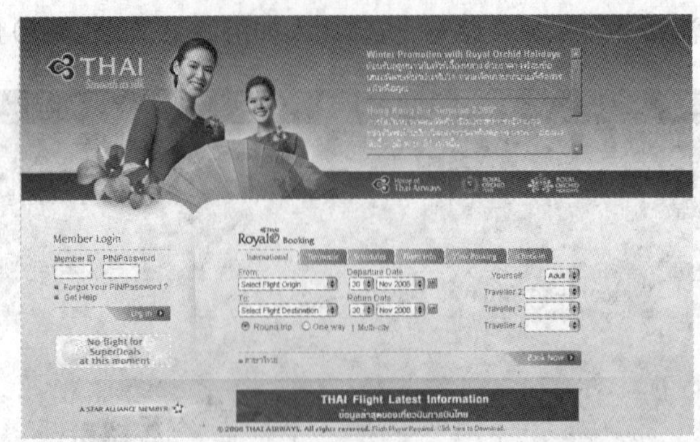

图 2-32　紫色主调网页

- 深紫色给人深沉、神秘、傲慢、珍贵的心理感受，如图 2-33 所示。

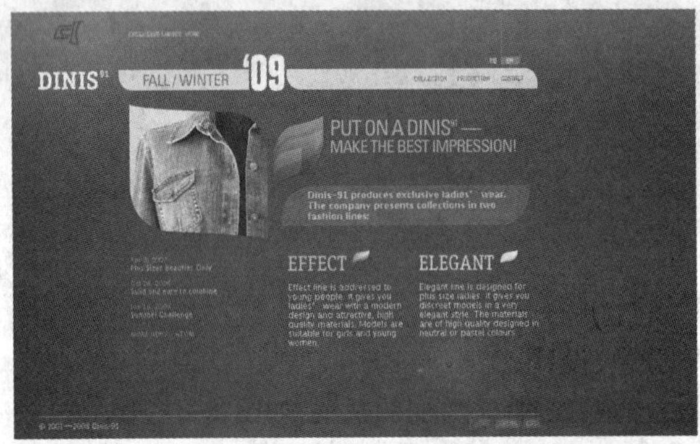

图 2-33　紫色主调网页

7）黑色为主色调的网页设计。

- 黑色和银色、金色的组合，衬托出强烈的金属质感、品质感，如图 2-34 所示。

图 2-34　黑色主调网页

• 大面积黑色的运用，使图片成为绝对主体，同时透露着高贵、典雅、高品质的特征，如图 2-35 所示。

图 2-35　黑色主调网页

• 黑色足以烘托黑暗、沉寂、神秘、恐怖的气氛，如图 2-36 所示。

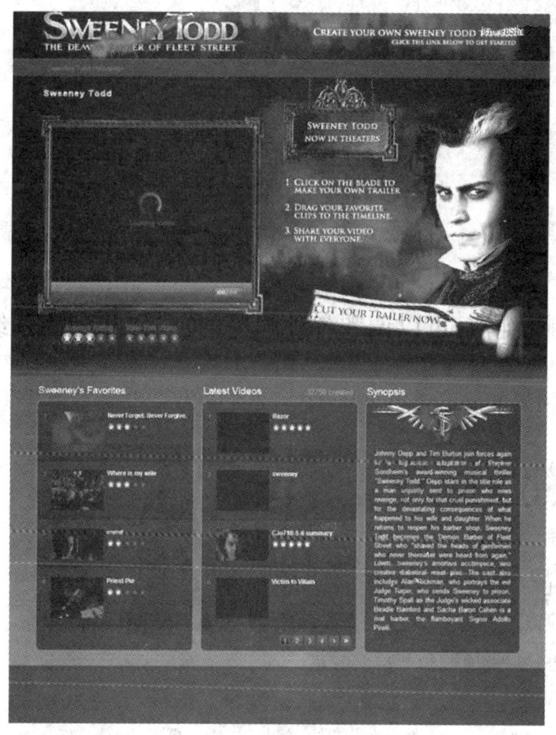

图 2-36　黑色主调网页

8）白色为主色调的网页设计。

• 白色明度最高，其他色彩用得越少，瞩目度越高，如图 2-37 所示。

• 白色黑色的经典组合，静逸、清新、高雅，如图 2-38 所示。

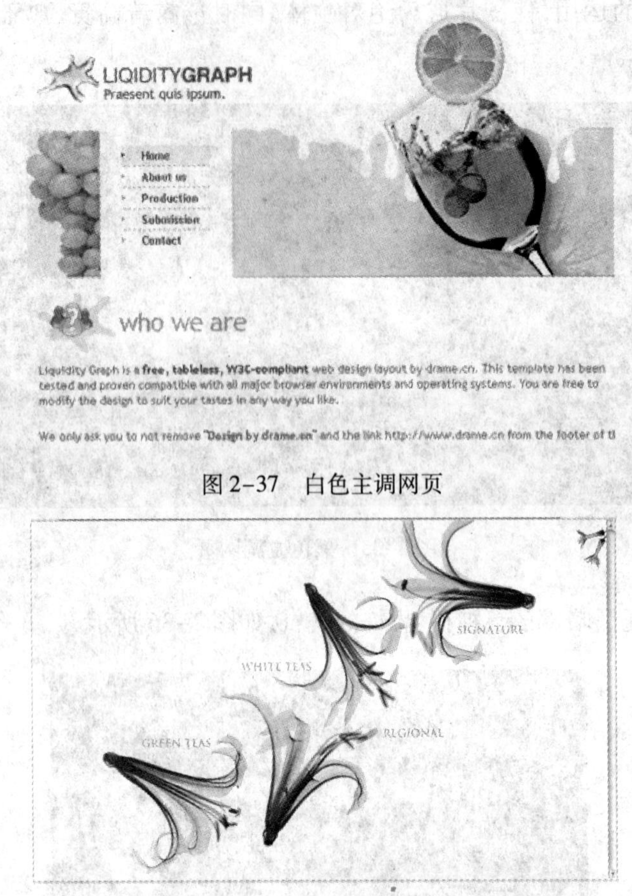

图 2-37　白色主调网页

图 2-38　白色主调网页

- 白色作为底，清爽、纯洁，可以调和各种鲜艳的色彩，起到协调统一的作用，如图 2-39 所示。

图 2-39　白色主调网页

9）灰色为主色调的网页设计。

- 灰色到白色渐变，显得纯真、朴实，并且体现很强的空间感，如图 2-40 所示。

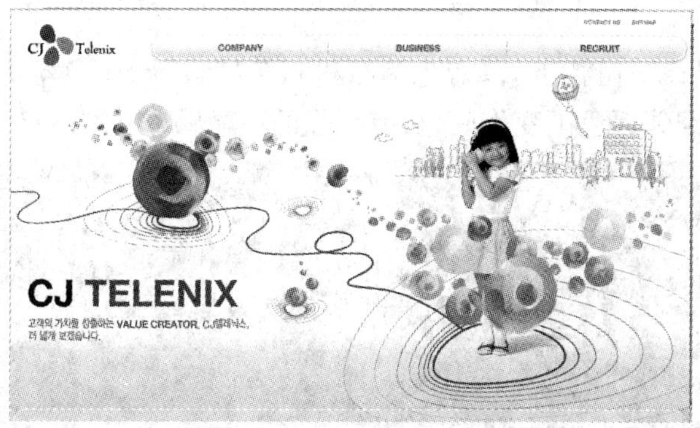

图 2-40　灰色主调网页

- 灰色背景巧妙的衬托主体物，和黑、白的搭配带来高品味、高格调的心理感受，如图 2-41 所示。

图 2-41　灰色主调网页

- 大面积明度较高的灰色，显得柔和、含蓄、神秘，如图 2-42 所示。

图 2-42　灰色主调网页

2.3.3 色彩搭配运用案例——四叶草公司网站色彩搭配方案

了解了色彩的原理和色彩带给人的不同心理感受，现在以“四叶草数码公司网站”主页为例进行配色。

1）考虑到数码设计公司特点，以蓝色为主进行色彩设计，蓝色给人冷静、理性的心理效应，采用蓝色、绿色两组邻近色渐变作底色，有很强的秩序感，如图 2-43 所示。

图 2-43 主色调

2）在渐变底色上添加白色块面，一方面可以整体提高页面的明度，同时区分主次，有利于页面内容的识别，如图 2-44 所示。

图 2-44 白色背景

3）通过灰色块面、线框划分视觉区域，便于阅读，如图 2-45 所示。

图 2-45　色块划分视觉区域

4）主题图片选择蓝、绿色系，与背景相互呼应，如图 2-46 所示。

图 2-46　同色调的文字图标

5）搭配少量的补色，即橙色和红色产生出极强的跳跃性，增强页面活力。整体色彩搭配原则简洁、明快，如图 2-47 所示。

图 2-47　主色调的补色文字图标

2.4　习题

1. 色彩在网页设计中有哪些作用?
2. 固有色的变化会受到哪些因素影响?
3. 选择一个网页,分析其中的色彩体现了怎样的感觉和情感?

第3章 网站界面设计中的图形图像

本章要点

- 图形图像的作用
- 图形图像的分类
- 图形图像的处理技巧
- 图形图像的创意与设计
- 图形图像在网页设计中的运用案例

一个网站要有旺盛的人气，除了要有丰富、新颖、快捷的信息内容外，还需要美观的界面设计。其中，图形图像的应用对于强化网页的视觉效果起着重要作用。本章对图形图像在网页设计中的作用、处理技巧、图形图像创意的基本方法等内容进行了探讨，希望读者能掌握图形图像创意及处理的基本技巧，并根据设计的需要，与文字、色块、声音、动画等网页元素相结合，灵活运用。

3.1 图形图像的作用

作为设计，其主要的功能就是传达信息。在网站界面设计中，其界面构成要素主要有网站名称、标志、主菜单、新闻、搜索、计数器、版权信息、广告条等，从其功能上来看，主要有标题信息、标题图片或图像信息、目录信息等3部分，每个信息都通过字体、颜色、图片、图像来体现。作为网络信息的受众，因职业、文化、修养、兴趣、生活经验以及消费水平等方面的差异，必然造成对所接受信息的不同理解，因此在网页界面中出现的视觉形象应适应大多数浏览者的口味，越明确、越通俗、越具体越好。图形图像作为视觉语言的主要形态之一，在网页界面设计中，主要起信息传达、美化界面、强化表现和增强趣味的作用。

3.1.1 传达信息

图形图像的应用，除了可以使网页界面更加美观、有趣外，其本身也是传达信息的重要手段之一。随着现代社会生活节奏的加快，迫使人们选择更快、更直接、更形象的传达方式。调查表明，现代人对信息的接受80%源于图像。也就是说，图形图像较之文字更容易引起人们的关注。同时，对图形图像的理解，可以不分国家、民族、性别、年龄、文化语言的差异，比文字能更直观、通俗地将相关理念、意境等信息直接、形象、高效地传达给受众，从而达到设计的目的。

3.1.2 美化界面

在网页界面设计中，只有文字的版面，显得过于单调和拥挤。在传统的版面设计中，一般要求图像在版面中的比率至少为30%左右，这样可以使读者有继续阅读下去的愿望。在网页界面设计中,图形图像与文字的有机组合,可以形成黑白灰不同的层次感,因其聚散、方向等变化,从而形成对比与节奏韵律关系,对网页界面的协调和美化起着积极的作用。

3.1.3 强化表现

在网页界面设计中,选择适当的图形图像,能更好地突出主题,对内容起到一定的说明作用。同时,图形图像有别于文字语言艺术,它通过视觉上的形、色来表述内心情感,利用可视的形象来让观者产生联想,从而进一步烘托和深化主题。因此在许多设计中,常将图形图像作为强化表现力的元素。

3.1.4 增强趣味

增强趣味主要是指在形式上增强其阅读的趣味性。特别是在有大量文字信息的情况下,通过加入图形图像,可以充分地刺激人的大脑,提升其阅读的兴趣,从而吸引观者的目光,使其愿意进一步阅读下去,从而达到传播信息的目的。

3.2 图形图像的分类

在网页界面设计中,根据图形图像在界面设计中的作用,通常将其分为以下几种类型:第一是主体图,即在画面中占主导地位的图形图像,如较大的背景图、标题图,或者产品照片,其作用是突出网站主体特点或风格;第二是辅助类图形图像,主要是为了美化界面所作的图形图像,其本身不直接传达相关的主题信息,但可以起到一定的烘托主题或渲染氛围的作用,如背景图等;第三是导航图标,主要是指各种按钮,使其有别于普通文字而作的图形效果;第四是作为网站的标志图形,也对网站的整体风格起到相应的影响作用。

根据图形图像的性质,又可以分为摄影图及手绘图两种类型,如图 3–1、图 3–2 所示。

图 3–1 摄影图

图 3-2　手绘图

3.2.1　主体图

主体图是指在网页上用较大幅面来突出或烘托网页主题的图片。由于其幅面较大，所以对网页版面的影响力是决定性的。它的位置、大小、色彩等与网页风格息息相关，故在设计网页的主体图时要认真对待，让观者一看到此图片即能体会网站风格与主题，并力求通过图形的视觉张力吸引观众，使其继续浏览相关信息，如图 3-3 所示。

图 3-3　主体图对网页版面的影响

3.2.2 辅助图

在网页界面中,为了增强网页界面的艺术效果,使界面更加耐人寻味,除了主体图外,也常借助一些色块或图像作界面背景,以烘托主题,渲染相应的艺术氛围,如图 3-4 所示。

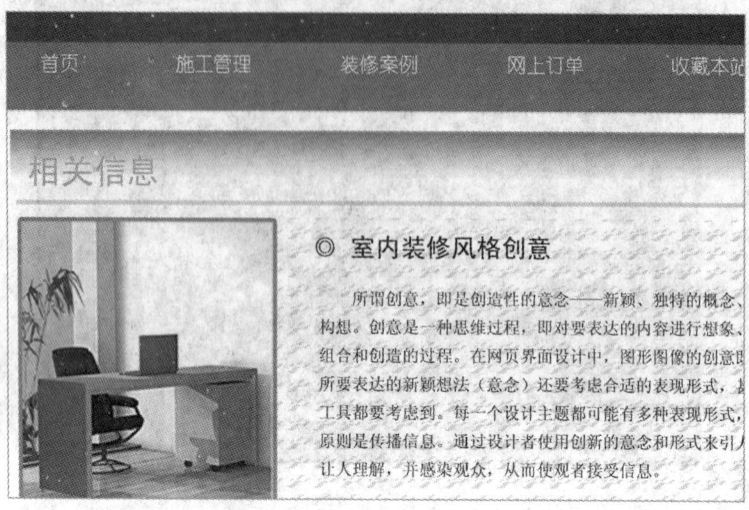

图 3-4　在界面中用中国传统纹理作为辅助图形来烘托主题

3.2.3 导航图标

有时为了使导航系统更简约、直接地传达相应的信息,通常用一些小图形取代文字作为链接按钮,利用小图标直观形象的特点,增强画面的生动性和形象性,增强画面的美感,如图 3-5、图 3-6 所示。

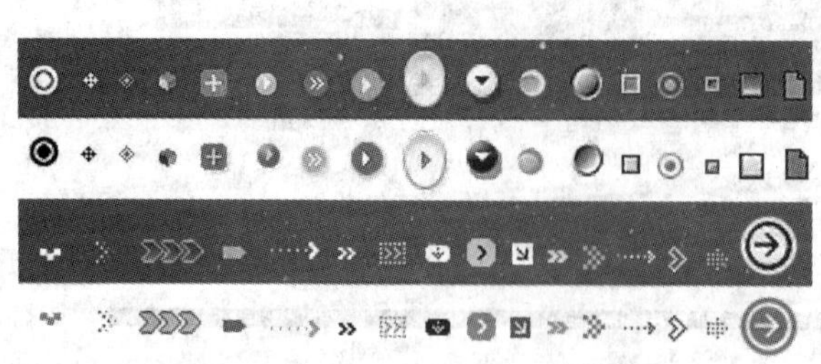

图 3-5　网页制作中常用的小图标

图 3-6　用图标作为导航按钮

3.2.4 标志

网站标志往往是一个站点特色和内涵的集中体现,看见网站标志,就能让大家不自觉地想起这个站点。网站标志虽然在界面设计中占的空间不大,但因其重要地位,在网页设计中应予以醒目地体现出来,以引起受众的广泛关注,提升网站的知名度,如图3-7所示。

图3-7 Google网站的标志极富个性,常给用户以新鲜感

3.3 图形图像的处理技巧

在网页界面中使用图像可以增加网页的吸引力,使用多种处理技巧可以有效地达到设计目的。在网页界面设计中,除了要考虑图形图像的形式与网站的整体风格相协调外,还要对图片进行优化,特别是图片的格式要适应网络传输的需要。相对于文字,图像所占磁盘空间大,增加了网页的下载时间,甚至严重影响网页的显示。因此过多的图片会受到网络传输的限制。有经验的网页设计者总是在对图像的尺寸、数量和质量与页面包含的全部文件的大小等进行平衡,尽量兼顾图片的页面效果与传输速度。

3.3.1 获取图形图像的方式

要对图形图像进行处理,首先要有进行加工的原料——图形图像。获取图形图像的方式通常有:

1. 从屏幕采集

最原始的方法是按下键盘上的〈Print Screen〉键,将当前屏幕复制到剪贴板上,再通过其他图片处理软件等进行加工;也可通过相应的屏幕截取软件工具进行屏幕采集,如HyperSnap-DX、SnagIt等软件。

2. 从网上下载

在Internet网上可供选择的素材可谓无所不有。借助Internet这个平台,可以直接访问网页或通过电子邮件、网际快车等形式下载相关的资料素材。

3. 用扫描仪采集图像

通过彩色扫描仪,可以把各种印刷品及彩色照片数字化后在计算机中存储起来。

4. 使用数码相机及数码摄像机采集图像

使用数码相机和数码摄像机,可以方便地将相关图像信息存储到计算机中进行处理。这在现代社会中应用非常普遍。

5. 通过计算机软件进行绘制

除了上述获取图形图像的方法外,也可以通过各种绘图软件进行绘制。如使用Adobe Photoshop、Adobe Illustrator、Paintor、Coreldraw、Freehand、Flash等软件。

3.3.2 在网页设计中的图像格式

无论使用哪种方式获取的图形图像,作为网页设计必然要在网络上进行传输和显示。首先要考虑其传输速度问题。在网页设计中如果仅仅考虑网页的美观而忽略网页的传输速度,其结果将得不偿失。例如有的网页采用一些大图片,的确可以使网页界面很美观。但相应地,其图片的显示速度必然受影响。如果要完整地将这个网页显示出来,需要花上几分钟时间,许多用户会等不及界面显示出来而离开当前页面。因此,有必要对网络上的图形图像进行优化,通过压缩等形式减小其文件大小以保证有效的传输速度。

在网页设计中,常用的图像格式主要有 *.jpg、*.gif、*.png 这几种格式。

1. GIF 格式

GIF(Graphic Interchange Format)是由 CompuServe 公司提出的与设备无关的图像存储标准,也是 Internet 上使用最早、应用最广泛的图像格式。GIF 格式通过减少组成图像(image)每点(pixel)的存储位数和 LZH 压缩存储两种技术来减小图像文件的大小。其原理是减少了图像调色板中的色彩数量,从而在存储时达到减小图像文件大小的目的。

对于背景色调单一、前景色彩较少的图像按 GIF 图像格式存放可以获得较小的图像文件。这类图像包括各色图标、命令按钮、文字说明、由矢量线段生成的图像(如 MS 的 WMF 格式和 AutoCAD 中的 DXF 格式)和漫画素描类图像。

2. GIF89a 格式

GIF89a 提供的动画实际上是由以一定时间间隔显示的多幅 GIF 图像组成,形成动画效果。

3. JPEG 格式

JPEG 是第二种在 Internet 上被广泛支持的图像格式。JPEG 支持 16 M 种色彩,也就是通常所说的 24 位颜色或真彩色,其典型的压缩比为 4:1。JPEG 是建立在人类肉眼对亮度较之色彩更敏感的基础上,经过 JPEG 压缩后,图像的细节部分被忽略。JPEG 是一种以损失质量为代价的压缩方式,压缩比越高,图片质量损失越大。通常情况下 JPEG 对相片、自然艺术品和类似材料的这些有自然色彩的 24 位颜色图像的压缩更具优势。

在日常应用中,为了平衡图像质量和图像文件大小的矛盾,常以中等压缩比对自然色彩的图像进行 JPEG 压缩。

JPEG 压缩方式在图像质量上有损失。因此,需要保存的重要图像,须以其他格式作为图像原件的存放格式。另外,应尽可能地从图像原件一次压缩,而不是在已经压缩过的图像上再进行其他形式的压缩。

3.3.3 图形图像的基础操作

作为静态的图片在网络传播中,其呈现出来的形式无非是以下几种形式:四方图、退底图、边缘模糊以及这 3 种形式的结合。这几种形式各有自己的特点,只有运用得当才能产生良好的视觉效果。这就要求在网页设计中如同其他版面设计一样,要分清哪些是主要图形图像,哪些是次要的图形图像,尽量在设计中突出主要的图形图像,使次要图形图像处于从属地位,以构成最佳的网页界面效果。

对图形图像的处理,根据传达功能的需要,对原有图片可进行退底、虚实、影调、局部与特写、质感等处理，以使图片与网页界面整体更加协调。

1. 退底

使用退底图可以形成生动的边缘效果，使画面更具活力。有时也为了去除图片中繁杂的背景，使图片主体更加简洁醒目，如图3-8所示。

图3-8　退底图可使图片主体更简洁醒目

2. 虚实

通过对图片进行虚实处理，也可使主体更加突出，增强网页的空间与层次美感。同时，通过虚实的对比，使画面形成张驰有度的关系，其虚的部分更可激发人们的想象力，有助于人们产生联想，如图3-9所示。

图3-9　虚与实的对比，可增强页面的空间与层次

3. 影调

通过各种图形图像处理软件，对图片的色度、饱和度、明度、纯度等进行调整，可以制作出各种色调的图片效果，从而大大增强图片的感染力。如将整张图片进行去色处理、产生单一色调效果或突出某一主要色调等，如图3-10所示。

图 3-10　影调

4. 局部与特写

有时为了突出某一特定部位，或获得某种特别的视角，需要对图片的局部进行特写处理，通过对图片的重新剪裁而获得一种特别的视觉感受，如图 3-11 所示。

图 3-11　局部与特写

5. 质感

通过对图片的质感处理，可以激发人们的联想与情感投入。如粗糙的表面效果，可以带给人们质朴的感受；对图片进行残缺处理和作旧处理，可以带来一种沧桑感；对图片进行点状化处理，可以让人们有现代的科技感等。利用 Photoshop 的图层和滤镜等相关功能，可以制作出不同质感的图像效果，如图 3-12 所示。

图 3-12　丰富的肌理效果带来触摸感

6. 综合处理

在很多时候,为了某种表现效果,需将各种方式综合运用,以达到设计的目的。例如,对图片进行重新分割与组合、混合等,如图 3-13、图 3-14 所示。

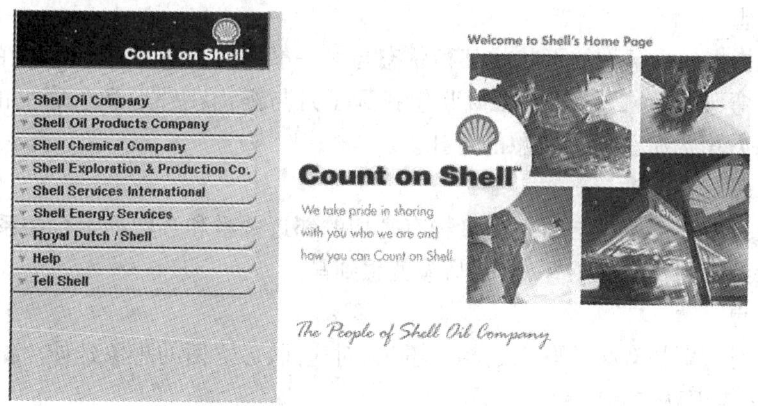

图 3-13　图像的拼贴效果

图 3-14　图像的混合效果

3.4 图形图像的创意与设计

创意是所有设计的生命所在。优秀的设计作品是新颖的表现形式和创意的综合体，网页界面设计也不例外。

所谓创意，即是创造性的意念——新颖、独特的概念、主意或构想。创意是一种思维过程，即对要表达的内容进行想象、加工、组合和创造的过程。在网页界面设计中，图形图像的创意既要考虑所要表达的新颖想法(意念)还要考虑合适的表现形式，甚至表现工具都要考虑到。每一个设计主题都可能有多种表现形式，其根本原则是传播信息。通过设计者使用创新的意念和形式来引人注意，让人理解，并感染观众，从而使观者接受信息。

图形图像的创意，依据视觉表达的特点，其方法大致分为联想、比喻、象征、拟人 4 种。

1. 联想

联想是从一个事物推想到另一个事物的心理过程。在视觉设计中，联想的作用是从所要表达的内容推想出一种相关的事物来表现它。它又分为相似联想、相关联想、相反联想和因果联想 4 种。

(1) 相似联想

相似联想是指由一个事物的形状或某种状态与另一事物的类同、相似而引发的想象延伸。如“新月似银钩，弯弯挂客愁”就是因相似联想找到了月与银钩在外形和色彩上的近似，而巧妙地用“挂”字将月引为游子无限乡愁的寄托。

(2) 相关联想

相关联想是指由一个事物与另一个事物有密切的邻近关系和必然的组合关系而引发的想象延伸。例如看到茶叶就想到茶杯，看到马鞍就想到马。

(3) 相反联想

相反联想是对与事物有必然联系的相反事物、对应面、对立面的想象延伸。例如看到战争就想到和平，看到黑夜就想到白天。

(4) 因果联想

因果联想是对事物发展变化具有因果关系而引发的判断和想象。如看到战争就想到死亡，看到鸡蛋就想到小鸡。

2. 比喻

比喻即打比方，将要表达的内容作为主体，通过相关联的喻体去表现内容的本质特点。常将抽象的概念形象地表达出来。

3. 象征

象征即以一个抽象或具象的事物来表现另一个抽象或具象的事物。例如形象的象征性、颜色的象征性等。

4. 拟人

拟人即是将要表达的内容拟人化，根据人们所熟悉的言行、动作来构思和表达内容。

以上创意思路常常综合运用，以创造出千变万化的视觉形象。

3.5 图形图像在网页设计中的运用案例——四叶草公司网站图标设计与制作

设计背景：

四叶草设计公司是一家以 4 个志同道合的朋友共同筹资兴办的设计公司，其主要业务范围为室内设计方向。其公司的宗旨是：关注并引领大众消费潮流，环保装修。

公司的标志在设计中，主要采用了绿叶作为创意元素，一是因其叶（公司）与根（大众）的相互作用关系——根需要通过叶进行光合作用从而成长为大树，叶需要通过根获取生存的养分；4 片绿叶紧密相连表示 4 个合伙人同心协力共谋发展；4 片绿叶作波浪状，表示公司将引流消费潮流。通过以上创意元素及其组合，体现公司的“4 人合伙”、“关注大众”、“环保装修”的特点。

在设计初期作了几个草图，如图 3-15 所示，最终选定草图 01 作为标志的定稿。

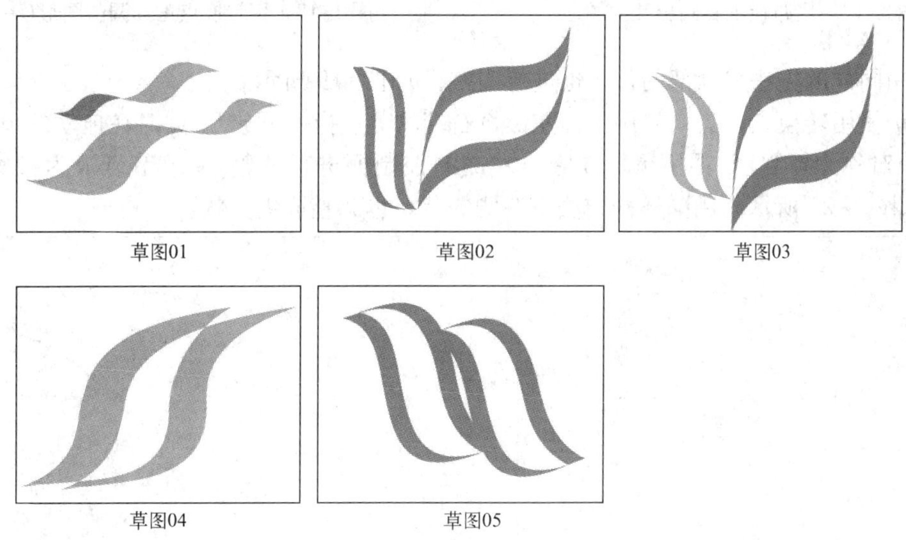

图 3-15　标志的几个草案

【例 3-1】　标志的制作。

本标志主要采用 Photoshop 的路径工具进行制作。

1）执行“开始”→“所有程序”→“Adobe Photoshop”命令打开 Photoshop 软件，按〈Ctrl + N〉组合键新建一个图像，设置其尺寸为宽 300 像素，高 200 像素，分辨率为 72 像素/英寸，透明背景，如图 3-16 所示。

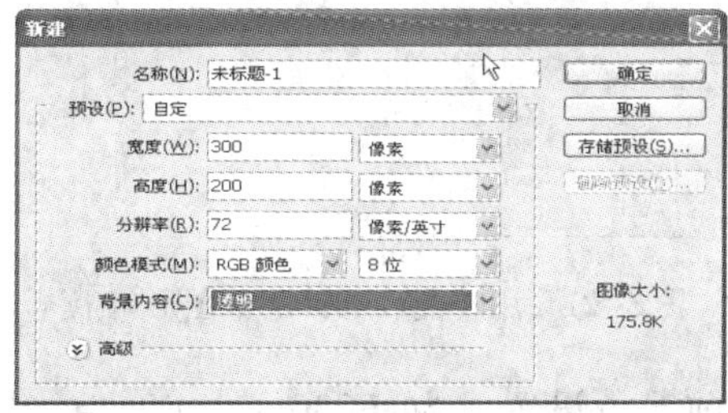

图 3-16　新建文件

2）在工具箱中选择路径工具，画出图 3-17 所示的图形。

3）使用路径工具中的转换点工具，用鼠标左键拖动下方的节点，将其调整成图 3-18 所示的形态。

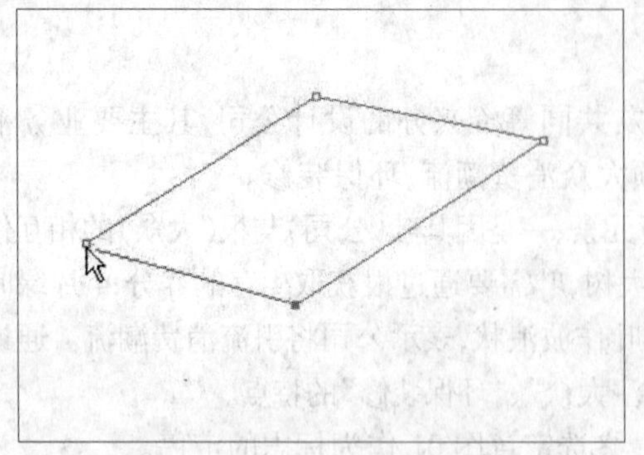

图 3-17 用路径工具画出几何图形

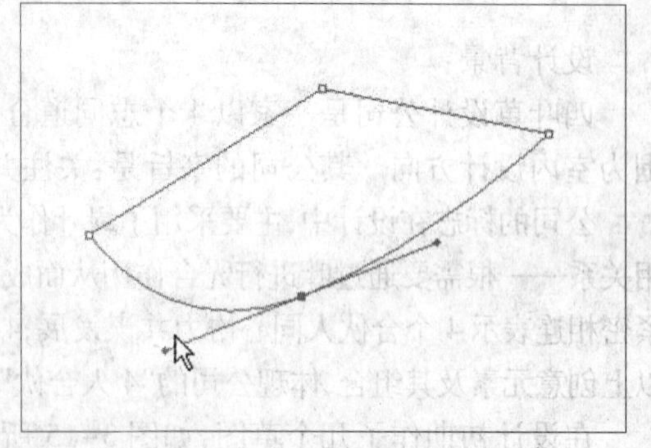

图 3-18 用转换点工具调整图形(一)

4）用同样的方法将顶部的顶点也进行调整，如图 3-19 所示。

5）仍使用转换点工具，先用鼠标左键将右端的节点拖一下放开，此时在拖动的节点处会出现两个对称的控制柄，再用鼠标左键将左侧的控制柄进行调整，使该节点成为尖突状，如图 3-20、图 3-21 所示。用同样的方法将左侧的节点也调整成尖突状。

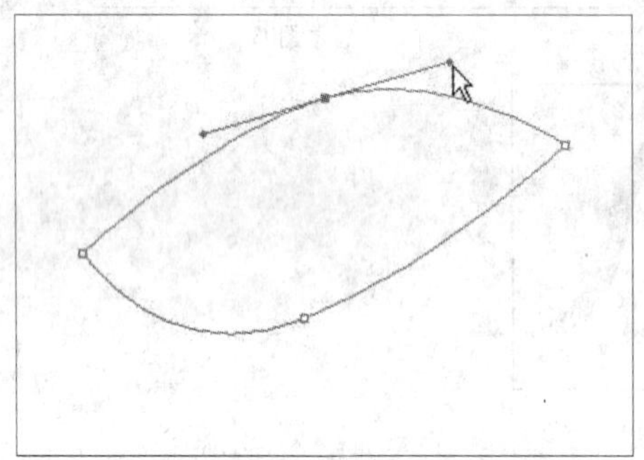

图 3-19 用转换点工具调整图形(二)

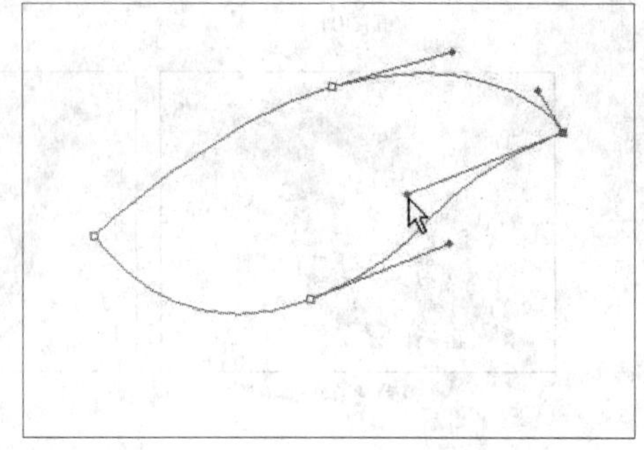

图 3-20 用转换点工具调整图形(三)

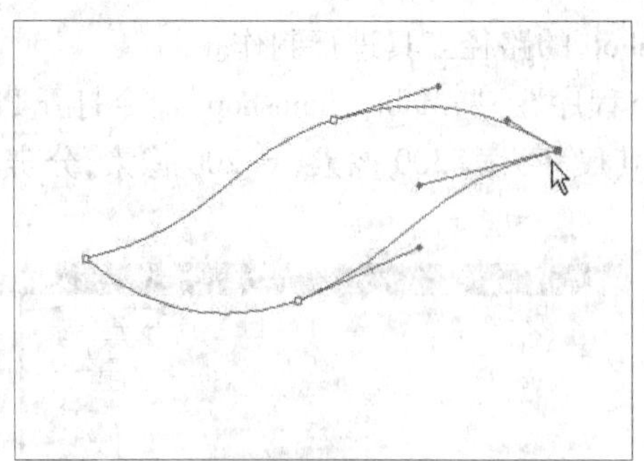

图 3-21 用转换点工具调整图形(四)

6）单击前景色图标，将前景色设置成为：R230，G0，B0，单击“确定”按钮，如图 3-22 所示。再单击路径面板，确定路径处于选中状态。用鼠标左键单击“填充路径”按钮，如图 3-23

所示。这样可以在图层上得到一个图 3-24 所示的树叶图形。然后再用鼠标左键在路径控制面板的空白处单击一下,取消路径的选择状态。

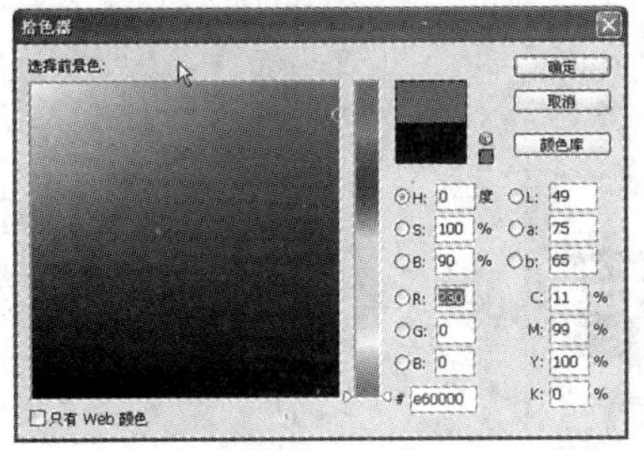

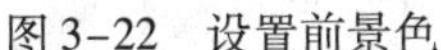
图 3-22　设置前景色

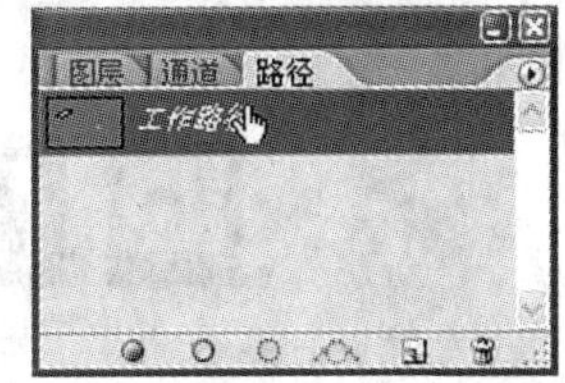

图 3-23　选中工作路径并填充路径

图 3-24　树叶图形

7）回到图层面板中,在按住〈Alt〉键的同时,用选择工具将刚才填充的图形向右侧移动复制一个,并调整其位置,如图 3-25 所示。

8）用魔术棒工具选中右侧的树叶图形,将前景色设置为 R0,G255,B0, 按下〈Alt + Delete〉组合键,将右侧的树叶填充为绿色,如图 3-26 所示。

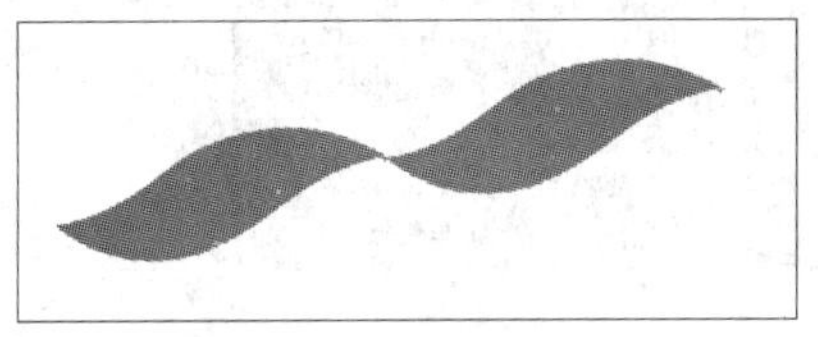
图 3-25　复制树叶

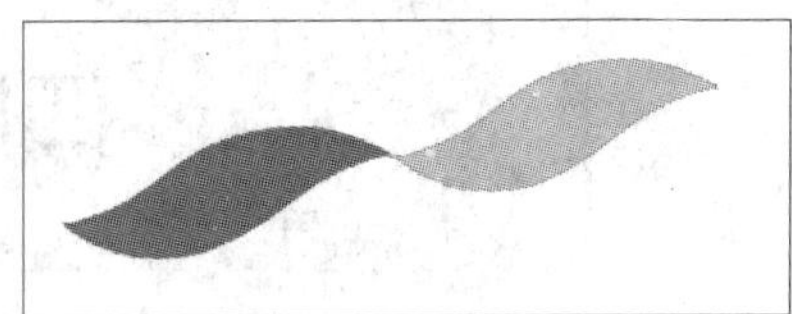
图 3-26　将右侧树叶填充为绿色

9）按下〈Ctrl + T〉组合键,将右侧的树叶图形适当进行缩放,再按〈Enter〉键进行确认,如图 3-27 所示。

10)重复步骤 7 和步骤 9,将绿叶进行复制、缩放到图 3-28 所示的效果。

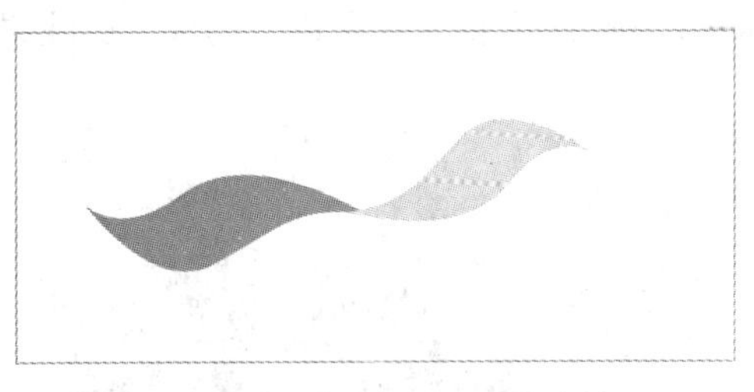
图 3-27　对右侧绿叶进行自由缩放

图 3-28　复制并缩放

11）在工具箱中选择文字工具 T,设置字体为黑体,字号为 12,颜色为黑色,在图层上输入“四叶草”这几个字,并用移动工具调整其位置,如图 3-29 所示。

12）执行“文件”→“存储为 Web 所用格式”,在随之弹出来的对话框中,按默认参数设置,按下“存储”按钮,并输入相应的文件名,即可将该标志保存为一个透明背景的图像,如图 3-30 所示。

图 3-29　输入文字

图 3-30　保存为 GIF 文件格式

【例 3-2】 退底图的制作。

1. 使用选择工具制作退底图

1）打开 Photoshop 软件，执行“文件”→“打开”命令打开一幅图像。选择工具箱中的磁性套索工具，沿着物体的边缘勾勒，当鼠标移近起始点时，将会出现一个小圆点，此时双击鼠标左键即可得到一个封闭的选择区域，如图 3-31 所示。

2）执行“选择”→“反向选择”命令，再按下〈Delete〉键，即可将退底图以外的部分删除，如图 3-32 所示。

图 3-31　用“磁性套索工具”勾出轮廓

图 3-32　反选后删除其余部分

2. 使用蒙板图层制作退底图

1）打开 Photoshop 软件，执行“文件”→“打开”命令打开一幅图像。选择工具箱中的圆形选择工具，按住〈Shift〉键从视图的左上向右下拉出一个正圆形，如图 3-33 所示。

2）执行“图层”→“图层蒙板”→“显示全部”命令，此时在图层面板中将会看到在缩略图的旁边出现了一个白色的蒙板，如图 3-34 所示。

图 3-33　创建一个圆形选区

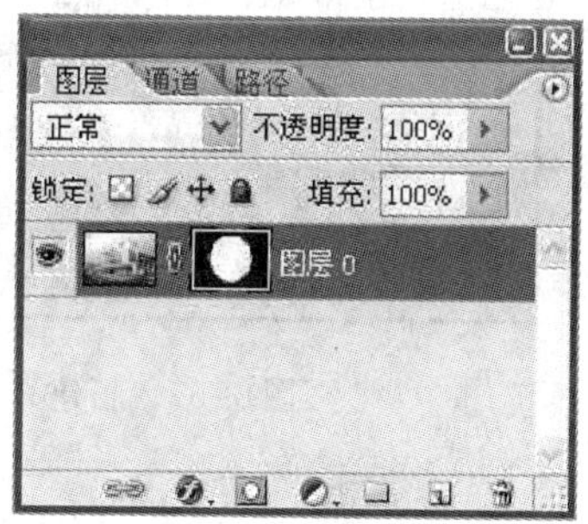

图 3-34　添加图层蒙板

3）执行“选择”→“反向”命令进行反向选择，再执行“编辑”→“填充”命令，在弹出的对话框中选择黑色填充，如图 3-35 所示。最后用工具箱中的剪裁工具进行修剪，则可得到图 3-36 所示的退底图。

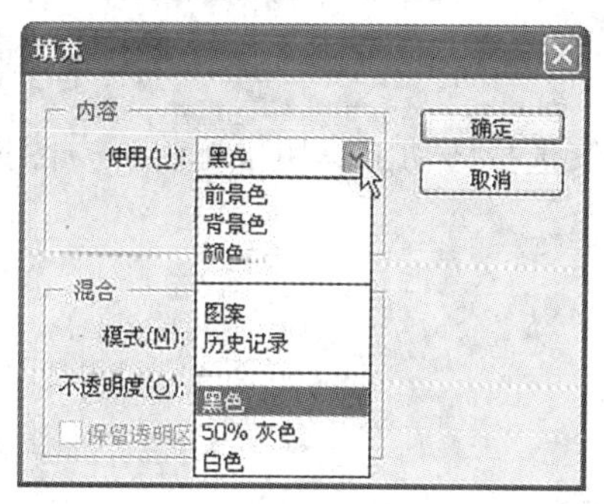

图 3-35　将蒙板反向选择后填充成黑色

图 3-36　用剪裁工具进行修剪

注：

如果再执行“选择”→“羽化”命令，在弹出的羽化对话框中输入相应的数值，可将选区的边缘进行羽化，从而使退底图的边缘呈渐变透明效果。

【例 3-3】 图像边缘形状的处理。

图像的外轮廓除了矩形、圆形外，有时为了特殊的需要，也可以将图像的外轮廓制作成其他形状。如果再结合边缘的羽化，可以得到多种不同的效果。

1）打开 Photoshop 软件，执行“文件”→“新建”命令，在弹出的对话框中设置参数，如

图3-37 所示。

2）单击图层面板上的“新建图层”按钮，在背景图层上将增加一个图层（图层1），如图3-38 所示。

3）使用选择矩形选择工具在图层1 上创建一个矩形选区，并填充前景色，如图3-39 所示。

4）执行“编辑”→“变换”→“倾斜”命令，将矩形倾斜变形，如图3-40 所示。

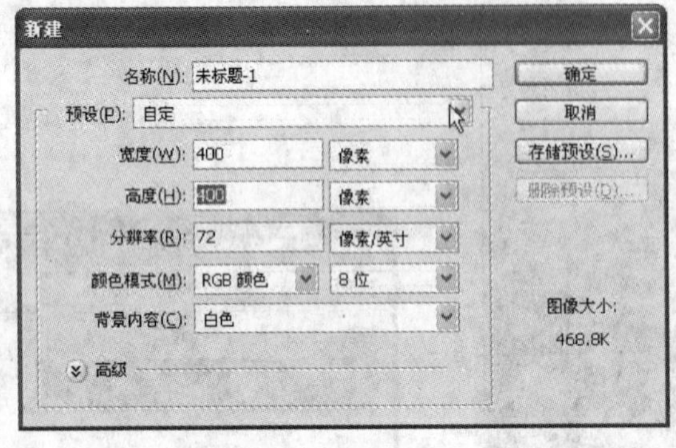

图3-37 新建一个图像

图3-38 新建一个图层

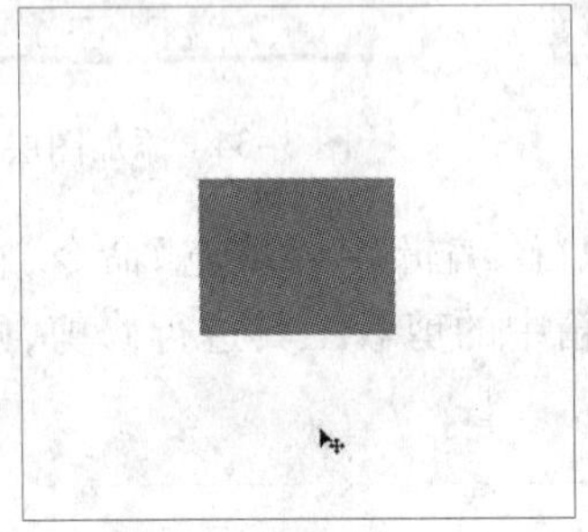

图3-39 创建一个矩形

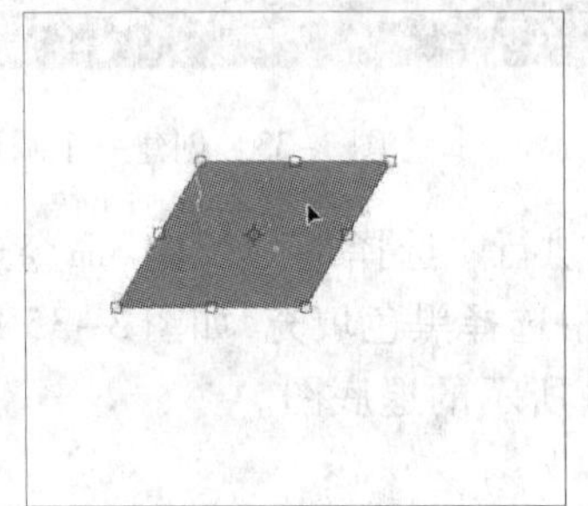

图3-40 将矩形进行倾斜变形

5）执行“文件”→“打开”命令，调出一幅天空图像，选择移动工具用鼠标将天空图拖到矩形的上方，如图3-41 所示。其图层关系如图3-42 所示。

图3-41 将另一幅图像用移动工具拖到矩形图像中

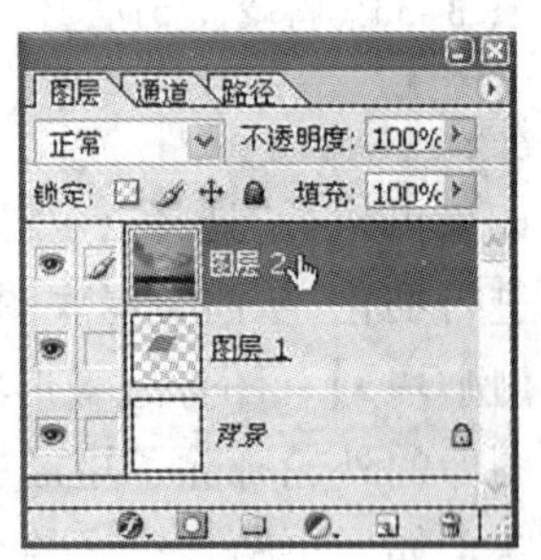

图3-42 图层关系

6）执行“图层”→“创建剪贴蒙板”命令，则天空图像只在矩形的范围中显示，如图 3-43 所示。

7）如果将图层 1 上的形状进行改变，则图像的显示范围也将发生变化，如图 3-44 所示。

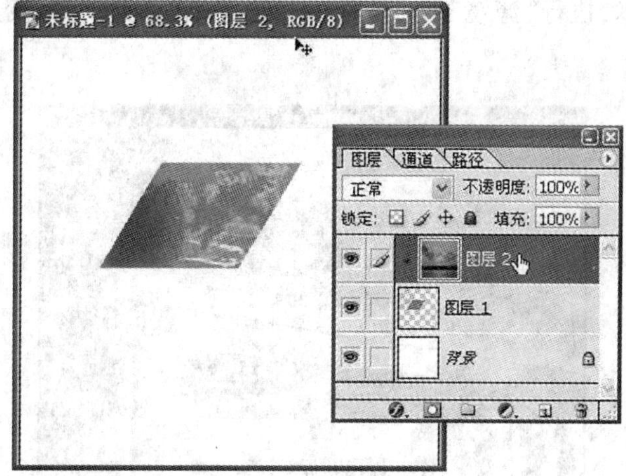

图 3-43　创建剪贴蒙板

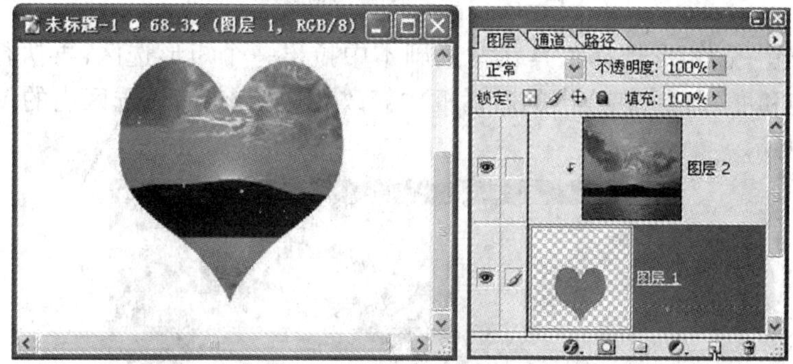

图 3-44　改变图层 1 的形状

【例 3-4】　图像质感的处理。

1）打开 Photoshop 软件，执行“文件”→“打开”命令，打开一幅图像，如图 3-45 所示。

图 3-45　打开一幅图像

2）在图层面板中，用鼠标左键将背景图层拖到新建图层按钮上，将背景图层复制为背景副本。

3）选中背景副本，执行“滤镜”→“素描”→“绘图笔”命令，将其变成铅笔手绘效果，如图 3-46 所示。

图 3-46　添加绘图笔滤镜效果

4）用工具箱中的矩形选择工具在背景副本中拉出一个矩形选区，再执行“图像”→“调整”→“色相/饱和度”命令，在弹出的对话框中修改相应的参数，使选区内的图像颜色有所变化，如图 3-47 所示。

图 3-47　选择并调整部分图像的颜色

5）双击背景图层，将弹出“新建图层”对话框，按默认参数设置，单击“确定”按钮，此时背景图层将变为图层 0，如图 3-48 所示。

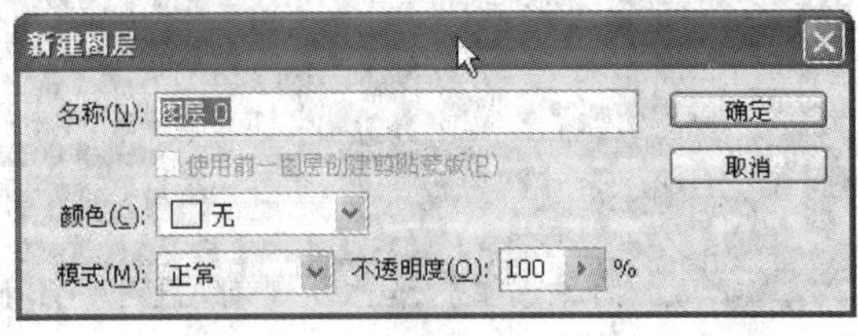

图 3-48　将背景图层变为普通图层

6）在图层面板中，用鼠标左键按住图层 0，将其拖到背景副本的上面。再按下〈Ctrl + T〉组合键对图层 0 进行自由变换，如图 3-49 所示。最终效果如图 3-50 所示。

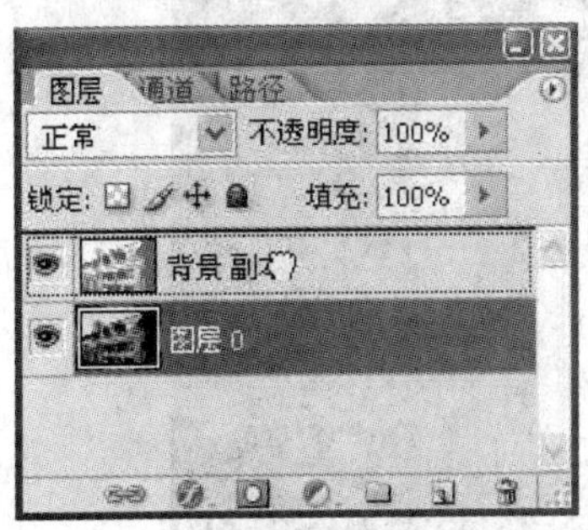

图 3-49　将图层 0 放置到图层顶部

图 3-50　最终效果

【例 3-5】　图像的综合处理。

1）打开 Photoshop 软件，分别调出海景图像和烟花图像，如图 3-51 所示。

图 3-51　打开两幅图像

2）将烟花图像复制到海景图像中，并置于海景图像之上。

3）在图层面板上选中烟花图层，从图层的混合模式下拉列表中选择“变亮”，如图 3-52 所示。最终效果如图 3-53 所示。

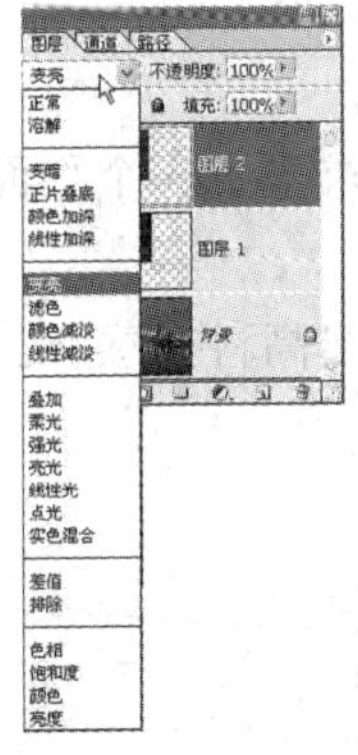

图 3-52　设置图层混合模式

图 3-53　最终效果

4）如果再使用选择工具将选择图像的局部，分别进行移动、调整颜色、描边等操作，可以得到图 3-54 所示的其他效果。

图 3-54　有选择地进行调色、描边、移位等操作

3.6　实训

主题：网页界面中的图形图像设计。

实训目的：

- 了解图形图像在网页界面中的作用。
- 掌握图形图像的创意方法。
- 掌握图形图像的常用表现手法。

实训条件：

Windows 2000/2003/XP。

Dreamweaver 6.0/7.0/8.0。

CorelDRAW 9.0/11/12。

Photoshop 8.0。

实训内容：

1. 创建一个以图形图像为画面主要元素的网站，内容自定，要求至少 3 个页面，整体风格要相对统一，力求通过相应的表现手法体现出创意主题。

2. 收集高科技图像资料，要求通过相应的图像处理技巧，体现出高科技感、现代感。

3.7　习题

1. 网页设计中图形图像的作用是什么？
2. 图形图像的创意方法是什么？
3. 图形图像的处理技巧是什么？

第4章　网站界面中首页的设计

本章要点

- 网站界面的整体设计
- 版式的设计
- 网站界面首页设计案例
- 网站界面中二级页面设计案例

在前3章的学习中，学到一些关于网页界面设计的基础知识，包括网页界面的构成要素和特点、设计原则以及网站界面设计的色彩设计原则，网页界面中的图形图像处理方法，并且掌握了网站图标的设计与制作方法。本章将进一步介绍网站界面设计中的另一个重要组成部分——网站首页的设计与制作。

在全面考虑好网站的栏目、链接结构和整体风格之后，就可以正式动手制作首页了。首页的设计是一个网站成功与否的关键。人们往往看到第一页就已经对站点有一个整体的感觉。是不是能够促使浏览者继续点击进入，是否能够吸引浏览者留在站点上，全凭首页设计的“功力”了。

所以，首页的设计和制作是绝对要重视的，宁可多花些时间在早期，以免出现全部做好以后再修改。

4.1　网站界面的整体设计

在任何网站上，首页是最重要的页面，用户从这里进入网站，又从这里进入到网站的各个栏目和内容，首页是用户的主要集散地，它的呈现和侧重点直接决定了网站的导向。对用户来说，首页是导航；对网站来说，它相当于目录和发布区；对于活动和商家，它是广告。网站首页往往会有比其他页面更大的访问量，一个成功的网站会以访问者为中心和以任务为驱动来设计首页，所以首页设计不仅要掌握网页版式编排的技巧与方法，通常它还必须遵循一些设计的基本原则。

4.1.1　确定风格

风格是抽象的，是指站点的整体形象给浏览者的综合感受。这个“整体形象”包括站点的CI(标志、色彩、字体、标语)、版面布局、浏览方式、交互性、文字、语气、内容价值、存在意义、站点荣誉等诸多因素。例如，网易给人的感觉是平易近人的，迪斯尼给人的感觉是生动活泼的，IBM给人的感觉是专业严肃的，这些都是网站给人们留下的不同感受，图4-1～图4-4是几种不同风格的网页页面。

风格是独特的，是网站不同于其他网站的地方。色彩、技术或者是交互方式，能让浏览者明确分辨出这是你的网站所独有的。例如网易壁纸站的特有框架，可口可乐公司的特有色彩和标志，即使只看到其中一页，也可以分辨出是哪个网站的。

图 4-1　卡通风格网页

图 4-2　中国古典风格网页

图 4-3　自然风格网页

图4-4　个性风格网页

风格是有人性的。通过网站的外表、内容、文字、交流可以概括出一个站点的个性、情绪。或是温文儒雅，或是执著热情，或是活泼易变，或是放任不羁。像诗词中的“豪放派”和“婉约派”，可以用人的性格来比喻站点。

有风格的网站与普通网站的区别在于：普通网站大家看到的只是堆砌在一起的信息，只能用理性的感受来描述，例如信息量大小，浏览速度快慢。但有风格的网站浏览过后能有更深一层的感性认识，例如站点有品位，能带给人以美的感受。

看了以上描述，读者可能对风格是什么依然模糊。其实风格就是一句话：与众不同！

风格的体现技巧如下。

- 将网站的图形标志，尽可能的放在每个页面上最突出的位置。
- 突出网站的标准色彩。
- 总结一句能反映网站精髓的宣传标语。
- 相同类型的图像采用相同效果，例如标题字都采用阴影效果，那么在网站中出现的所有标题字的阴影效果的设置应该是完全一致的。

其他技巧如下。

1）色系：网页的底色、文字字型、图片的色系、颜色等。

网站的色系是浏览者整体的视觉观感，若一个网站色系能有一致性，不仅会使网站看起来美观，更能让浏览者对内容不易混淆，增加了浏览的简洁与方便。而网站的色系更能衬托出网站的主题，若色系能与主题合理搭配，将会增加浏览者的易读性。

网站的色系不单只是将颜色搭配得当就算完美，还要配合每个内容及网站主题。对于网站的色系，应该要在网站开始制作前，做好规划及设计，才不会到着手制作网站时，难以搭配，甚至造成混乱的设计。具体颜色搭配方案详见4.1.2。

2）排版：表格、框架的应用，文字缩排，段落等。

网站的排版是让网页浏览者阅读方便，且内容主题明确的重要指针，若网站的排版经过精心规划，将会使浏览者更能迅速地找到所需的资料。就如同一本书，编排得当将会使读者一目了然，且更能了解该书所要阐述的内容。而网站的排版，就如同图书的排版一般重要。网站的排版并不是整齐就好，还要有明确的分类以及主题的适当规划。

框架与表格皆为网页整体编排利器，该如何运用与突出自己风格，就需要长时间的修饰版面、观摩学习与积累经验了。

3）窗口：窗口效果，例如全屏幕窗口、特效窗口等。

窗口效果的妥善运用，可以使网页有特色，但过度的应用反而会使人厌恶，甚至关闭网页不再造访。

一个成功的网站，若要突出自己的风格，单靠窗口特效是不够的，而应先注重内容，并依其网站内容来决定如何采用一些特殊的窗口，达到整个网站的风格一致性。须注意的是：花样越多并不能让网页显得技巧高明，而是在于内容与窗口效果的完美运用。

4）程序：网页互动程序，例如 ASP、PHP、XML、CGI 等。

在早期的网站中，只有让浏览者“看”的作用，伴随着多种程序语言的发展，目前常用到的网页互动程序有 ASP 、PHP 、JSP、XML 等，这些网页程序，都能使网页“动”起来，而网站的功能不再只有“看”，也可以“参与”其中。然而，大多数的网页制作者，本身并不会自行开发撰写程序，故许多现成的程序下载网站或是免费资源网站便应运而生。对于不会撰写程序的网站制作者来说，确实是一大福音。

程序也是网页的一部分，只是它们除了网页外，还有处理资料的程序代码，所以程序的应用也必须要谨慎的配合整个网站的风格。例如，整个网站皆以白色系为主，但留言板却莫名其妙地用了黑色系，画面就显得很不协调了。

5）特效：网站的特效，能够使网站看起来更为生动活泼。

以常见的几种技术来说，特效技术包含了 Flash 、JavaScript 、Java applets 、DHTML 等。适当地使用这些网页小技巧，如同蜻蜓点水般的带过，往往能让这些小特效发挥最大的效果，使网页更美观且创造出独特的风格。这些小技巧多为网络上随处可以复制的小程序，所以浏览者并不会因为五花八门的特效觉得这个网站的技巧非常高明。因为这些技巧不管用得再多、用得再杂，都是复制来的。而不留痕迹的使用这些特效，让它在网页中起作用，才是网站成功的设计。

网页特效应该恰当使用，配合网站风格，这样特效才能真正发挥它的效用。

6）架构：目录规划、层次、选单应用等。

一个网站若能有清楚的目录架构，除了对制作网站者来说容易维护外，更能让浏览者对于不熟悉的网站环境轻易上手。

网站的架构，最终是以选单作为表达的方式，树状选单往往能让浏览者清楚明确。而选单的风格设计，也常常最能突显出该站的风格与特色。网页若能搭配适当的选单，选择不花哨、不造成视觉障碍的效果，就能够让整个网站的特有风格显现出来了。

7）内容：网站主题、整体实用性、文件关联性、内容切合度、是否有不必要的档案等。

网站的内容，就如同书中的文字一般重要，书没有了内容，就算封面再漂亮、再精致，也只是个美丽的空壳；如果书的内容杂乱无章或是不切合书名，那么买书的人一定会非常懊恼和生气。网站也一样，如果网站没有内容或内容杂乱无章，就算装扮得再美，也不能算是网站。不小心进来的浏览者，必然会非常不悦。

总的来说，一个网站的内容，当然越多越好，只是在资料多的同时，也要注意到这个资料是否切合主题、是否对网站有用、归纳得是否妥当明了，这样网页的内容才能真正做到量多质精，也才能体现出属于自己的主题风格。

8）走向：对于网站的未来规划、网站整体内容走向等。

网站的走向是一个网站未来的重要指针，常常见到有的网站动不动就说要关闭了，其实这些网站大多数是因为没有规划好网站的未来走向,站长自己看不到未来,浏览者当然也看不到网页有所更新,久了,自然就不再有人光顾。

网站的走向,应与网站主题永远的相符合,例如,一个新闻网站是不大可能转向成卡通网站的,就算转型了,那么以前的常客必然会失去,这等于是关了旧站,再开新站。浏览者会成为某个网站的常客,必然是他对该主题有强烈的兴趣,一旦该网站的主题不那么的切合了,这些常客就会另寻喜欢的网站了。

综上所述,网页的风格不是某一项做好了,网站就会有整体感,而是要各项目配合应用,才能达到完美的网站风格设计。

4.1.2 色彩搭配

无论是平面设计,还是网页界面设计,色彩永远是最重要的。当距离显示屏较远的时候,大家能够看到的不是优美的版式或者是美丽的图片,而是网页的色彩。主体色好的视觉形象是靠协调的色彩体现的,色彩的搭配不仅体现着美学的诉求,而且是一种可以强化的识别信号。所以,主体色一经确定,要保持一定的稳定性,用这种色彩来帮助受众对网站的识别。

1. 网络色彩的特点

在网络中,即使是同一种色彩也会由于显示设备、操作系统、显卡以及浏览器的不同而有不同的显示效果。因此,要通过长时间的探索,发现网页的安全色。

网页安全色是指在不同的硬件环境、不同的操作系统、不同的浏览器中都能正常的显示的颜色集合。使用网页安全色进行配色时,可以避免原有的色彩失真。具体来说,网络安全色是当红色(R)、绿色(G)、蓝色(B)颜色数字信息值为0,51,102,153,204,255时构成的颜色组合。查看HTML色彩编码是否属于网页安全色的方法是观察那个编码的组合:RGB色彩的十六进制值为FF、CC、99、66、33、00,这样的值的组合是网页安全色彩。如紫色(#FFFF00)、暗红(#CC3300)、橙色(#FF9933)等。

2. 色彩的文化

色彩的认知是很主观的,每个人对于色彩都有不同定义与解释,但多数人对色彩的认知会形成一种趋势,而所谓的多数人,便涉及到了主要浏览群体的文化认知,包含了政治、宗教、社会结构、历史等诸多因素。

例如,在互联网上中国的婚庆类网站多数以红色、粉色等较为鲜艳的颜色为主,而西方的婚庆类网站多数以浅色、白色等淡雅的配色方案为主,这就是中西方文化认知的差异。文化认知的差异,对于色彩搭配方案至关重要,忽略这点,可能会犯了他人禁忌而不自知。

在色彩运用过程中,由于人们生活的环境、文化修养的差异等,不同的人群对色彩的喜恶程度有很大的差异。例如女性一般喜爱粉色系,年龄较大的人更喜欢灰色系。

3. 色彩的联想

色彩的联想也就是色彩的象征性,可以分为自然上的联想、文化上的联想和品牌上的联想。

自然联想如绿色代表草地,红色代表太阳等;文化联想如白色的天使,黄色的龙袍等;而品牌联想如红色的可口可乐,蓝色的百事可乐,绿色的雪碧等。

不论哪一种色彩联想的形成,都是经过千锤百炼才能深入人心的,并且,对于同一种颜色也常常带有正面以及负面不同的象征意义。例如红色既可以代表温暖也可以代表灼烧;绿色既可以代表新生也可以代表中毒等。

4. 色彩的心理感觉

不同的颜色会给浏览者不同的心理感受，与色彩的联想相同的是色彩带给人们的心理感受会随时间、地点和环境诸多因素而改变。

5. 网页界面色彩搭配的原理

1）色彩的鲜明性。网页的色彩鲜艳，容易引人注目，同时，还要照顾到人的眼睛的生理特点，不要用大面积的高纯度色相，它容易使人的眼睛疲劳。

2）色彩的独特性。要有与众不同的色彩，衬托出网站的个性，使得大家对网站的印象强烈。

3）色彩的合适性。就是说色彩应服务于网站内容，和网站的气氛相适应，如用粉色体现女性网站的柔性。

4）色彩的联想性。不同的色彩会产生不同的联想，蓝色想到天空，黑色想到黑夜，红色想到喜事等，选择色彩要和自己网页的内涵相关联。

6. 网页界面色彩掌握的过程

随着网页制作经验的积累，用色有这样的一个趋势：单色→五彩缤纷→标准色→单色。一开始因为技术和知识缺乏，只能制作出简单的网页，色彩单一；在有一定基础和材料后，希望制作一个漂亮的网页，将自己收集的最好的图片，最满意色彩堆砌在页面上；但是时间一长，却发现色彩杂乱，没有个性和风格；第三次重新定位自己的网站，选择好切合自己的色彩，推出的站点往往比较成功；当最后设计理念和技术达到顶峰时，则又返璞归真，用单一色彩甚至非彩色就可以设计出简洁精美的站点。

7. 网页界面色彩搭配的技巧

那么到底用什么色彩搭配好看呢？网页界面色彩搭配的技巧如下。

1）同类色的应用。同类色是由一种色彩呈现出不同透明度或者饱和度时而产生的色彩系列。由这样的色彩搭配出来的页面看起来统一和谐，有层次感，适合技术性、专业性站点，如图 4-5 所示。

图 4-5　同类色的应用

2）近色的应用。先选定一种色彩，然后选择它在色谱里相邻区域的颜色，例如蓝色和绿色互为邻近色，黄色和橙色互为邻近色，邻近色的搭配可以使整个页面色彩丰富但不花哨，如图 4-6 所示。

图 4-6　近色的应用

3）比色的应用。原色饱和度较高的色彩搭配使用即为比色，如红和绿，黄和紫，蓝和橙等。对比色的应用应以一种颜色为主调，使它占有较大的面积。对比色的应用能形成丰富充实的效果，如图 4-7 所示。

图 4-7　比色的应用

4）黑色和其他彩色。网页设计中以黑色为底色的网站比较常见，尤其是一些艺术类的网站。在 RGB 色彩模式中，黑色很容易和其他高纯度的原色相协调，制作出新颖别致的网页，如图 4-8 所示。

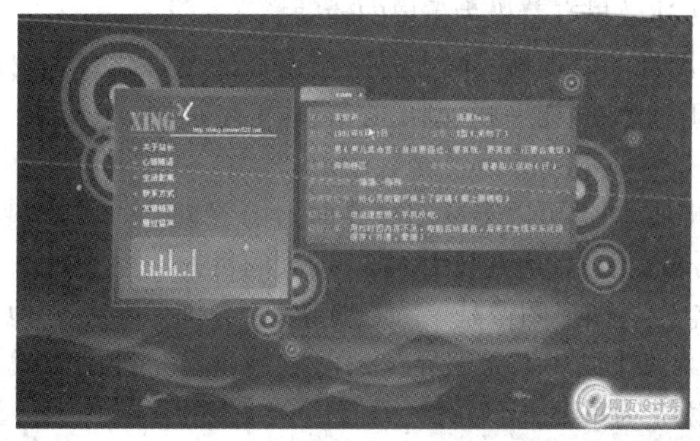

图 4-8　黑色与紫色搭配使用

8. 色彩搭配的一般手法

一个有自己风格且阅读起来舒适方便的网页,并不可能一次就制作完成,而是需要经过不厌其烦的修正、调色,才能达到最佳浏览效果,所以制作网页一定要有耐心。

以下是设计网页时选择颜色的一些注意事项。

1）不要大面积地使用饱和度很高的纯单色,否则会使浏览者感到视觉疲劳。

2）当网站面对的用户超出本国范围时,最好使用网页安全色。

3）为了增加网页的可读性,背景与文字内容的亮度差值最好在 102 以上。

4）在使用色彩时,应深入研究主要用户群的背景和构成,才能设计出符合用户文化认知的网站。

5）色彩的认知是会变动的,同一群人,在不同的时间、地点会对色彩产生不同的解读,因此在设计网页的时候,需要将色彩形成的背景因素和目标群结合分析。

4.1.3 图片处理

图片是文字以外最早导入网络的多媒体对象,网络图文并茂地向用户提供信息,而且图片的加入大大美化了网站的界面,可以说,要使网页在纯文本基础上变得更有趣味,最为简捷省力的办法就是使用图片,因此图片的使用也是网页界面设计的重点。

1. 图片的基础知识

图片包括了图形和图像,图形和图像是一种视觉语言形式,与文字不同,它将涉及思想赋予形态,传达特定的信息,集中体现网页界面的整体风格,在网页界面设计中展示其特有的视觉魅力,是设计师展现其创造力的舞台。

图形图像设计不仅属于艺术设计的范畴,还涉及视觉心理学、符号学、传播学等方面的知识。图像的视觉冲击力比文字大 85% 。在现代信息行业迅猛发展的今天,图形图像设计在网页界面这一新兴媒体形式中更是发挥着不可替代的作用。表现在:

1）传达性。图像从属于网页界面这一传播媒体的方式,担负着传达信息的作用。传达信息是网页界面的首要目的,也是图形图像最基本的实用功能。

2）艺术性。艺术性将网页界面的设计艺术化,同时提高了传达信息的功能,图形图像最终就是依赖于形态来传达意念的,形态本身的审美因素,会直接影响视觉传达的效果,具有视觉美感的形态能够促使人们愉快的接受所传达的信息,容易引起心理上的共鸣。因此,好的图形图像对网页界面的传达效果有着极为重要的辅助意义。

3）表现性。图形图像的表现性实际上是突出设计的个性化,给人独特的视觉体验,在图形图像设计过程中敢于思考、独树一帜、别出心裁,才能增加网页的记忆度,达到出奇制胜的传达效果。

4）趣味性。好的图形图像可以丰富网页界面的内容,让网页活跃起来,通过图像在视觉上产生趣味性,使网页焕发活力,达到吸引人、打动人的目的。

5）超地域,超时空性。图形图像是一种视觉语言,它消除了不同地域和文化的民族之间的语言障碍和思想隔阂,如同“艺术无国界”一样,它用自己特殊的方式传达信息、沟通感情。这一点对网页设计来说尤为重要,因为网页界面是全球性的,任何一个国家的任何一个人都可以通过网络浏览任何的网页,当人们在网页上没有找到自己所熟悉的语言版本,但通过图形图像大致了解到自己所需要的信息时,就会在心理上产生共鸣,从而拉近信息的传达者和接收者之间的距离。

网页界面中的图形图像主要包括主体图、辅助图、导航标志、标志、广告、动画中的静止图等。主体图是指直接传达内容的图，如标题图、产品照片、新闻照片；辅助图是指为了达到版面的艺术效果而设计的图形图像，它不直接传达内容，起烘托主题、渲染气氛的作用，例如背景图。

2. 图片的色系

以色彩学简单的区分，可分为冷色系与暖色系，再详细一点的区分，又可分出各种颜色的色系，而色系的区分，就在于主观浏览意识上的差异了。如何将图片的色系与网站整体色系相对应，就是比较困难的地方了。

若一个网页是蓝色的底色，但整个网页的图档却乱七八糟，各种颜色纷纷出笼，更糟的是，蓝色是属于冷色系的颜色，若以蓝色为底的网页，却都是大红色、橘色的图片，那将会使整张网页看起来杂乱无章。可以简单地归纳出，网页与图片的颜色、色系一致或是视觉效果一致，将会使网页看起来更为美观且有自己的风格。

3. 选择图片的标准

一般在设计网页界面时，首先会考虑自行绘制一张合适的界面图，可以采用 Photoshop、Coreldraw 等设计软件。但是对于网页初学者来说，要绘制一张图并非易事，要绘制一张符合自己网页风格的图，更是困难重重。大部分的网页制作者，并不大可能驾轻就熟的使用影像处理软件或绘图软件，于是网页素材的网站就开始盛行了。当然，不会使用绘图软件并不代表网页就不能设计得很出色，若是能将网络上的素材资源妥善利用，网站也是可以突出自己的风格的。

网络上提供的素材往往不是能直接就使用到自己的网页界面中的，必须要进行处理，常见的方法就是在 Photoshop 中进行抠图和组合图片。

学会了基本的抠图和合成图片的方法并不代表就能够做出漂亮的网页界面出来，该怎么选择适合自己网站的图片，就是门很大的学问了。举例来说，若网站内容为科学探讨，当然不能以卡通图片来作为插图，试想，当读者正在浏览一个有关天文学的网站，却满是皮卡丘的可爱图片，不是很不协调吗？再举个例子，如果一个教学网站，里面却尽是明星图片，看上去根本就不像是教学网站，而是大杂汇的明星相片网。因此，以图片内容来说，能切合网站主题最好，若不能，也别差异太多；但所有的图片必须帮助访问者查看信息，有利于交互的展示。

由于网络图片有以下特点：其一是图片质量不需要很高，因为网页图片一般只显示于计算机的显示器上，一般大部分图片的分辨率都设置为 72dpi；其二是图片要尽量小，不要的图形必须删除，网页图片的传输受到带宽的限制，文件越小，下载的速度越快。因此，网页图片的选择必须与网络环境的低分辨率以及较低的带宽相匹配。

4. 图片的使用技巧

在网站上，反复使用一张图片是不会增加下载速度的，所以可以尽可能的利用这一点，用尽量少的图片达到更好的效果。

可以在不同的页面上反复调用一张图片，例如 Logo 部分；也可以在一个页面的不同栏目上反复应用同一种共同的细节处理方法，或在不同的页面上呼应使用，增强页面的精致感和统一性。这样做一来可以减少文件大小，二来可以增强设计的统一感，只要处理得当，不要太重复，对于反复使用的图片，可以设计得更精美些，成为设计的点睛之笔。

在 HTML 语言中,有一种引入图片的方式:将图片作为网页或表格的背景。背景和一般图片最重要的区别就是背景上可以再放置其他图片和文字,而图片就不可以,除非使用层技术。

为了给页面增加氛围或装饰,可以给整体页面加入背景,这时的背景图案和背景色一样,一定要多考虑能够衬托其他的图片和文字,以及在大面积使用时不会产生视觉疲劳,所以色彩不宜过多过艳。

常用的添加页面背景的方法有 3 种,第 1 种是给页面增加某种机理,这时可以尽量将背景元素的面积缩小以减少文件大小,同时注意图案衔接时边界的自然过渡,如图 4-9 所示;第 2 种是增加某种明确的底纹图案,例如公司的标志或其他表达页面特点的图形等,如图 4-10 所示,这时要注意适宜的排列密度和方式,不要太过死板;第 3 种是实现区分版面色块或线,这时要注意以最大显示器分辨率的宽度来制作背景元素,否则有可能会出现意外的重复。

图 4-9　增加肌理作为背景

图 4-10　使用底纹图案页面效果

5. 适合传输的图片格式

印刷品上的图片不存在格式问题,但是在计算机的图片存储、交换技术上,图片的格式就显得十分重要,没有统一的格式,图片就不能很方便的在计算机上显示。网络上的图片更是受到网络传输速度的限制。在理论上,网上传输的数据大约是每秒 5 KB 的时间,如果一个网页按 50 KB 计算,大约需要 10 s 时间,按照目前我国的网络信道带宽条件,如果遇到上网高峰,网页下载会更慢,一两分钟的等候是常见的。有些网站的首页就是一张大图片,很漂亮但是对方接收下来就要几分钟的时间,通常浏览者不等图片完全显示出来就会离开或进入下页。

如何使有限的带宽得到合理的利用,节省浏览者的等候时间,压缩图片文件是很重要的,因此图片的格式很重要,这是因为不同格式的图片压缩程度不一样,压缩之后的效果也不一样,这就需要读者根据自己的需要来选择不同压缩格式的图片。常见的图片压缩格式分为以下几种。

(1) GIF 格式

GIF(Graphics Interchange Format)的原义是“图像互换格式”,是 CompuServe 公司在 1987 年开发的图像文件格式。GIF 文件的数据,是一种基于 LZW 算法的连续色调的无损压缩格式。其压缩率一般在 50% 左右,它不属于任何应用程序。目前几乎所有相关软件都支持它,公共领域有大量的软件在使用 GIF 图像文件。GIF 是一种减色的位图压缩模式,它是用 2 ~ 256 种颜色代替全部真彩色,然后按横排的方式记录颜色的异同。GIF 格式宜于压缩较小以及颜色单纯的图片,但对于色彩或过渡丰富的图片,它的效果不如 JPEG。

在 Photoshop 中把对颜色数要求不高的图片变为索引色,再以 GIF 格式保存,使文件缩小后用更快的速度在网上传输,一般用于动态格式的图片存储。

GIF 格式支持透明色,这使得 GIF 文件可以融入到不同的背景中,有可能在不同颜色的页面上反复使用一张图片以节省字节,但是如果背景色和图片色相差太远,并且图片面积较大,经常会有很明显的锯齿形。这种情况下,可以考虑使用图片处理软件 Photoshop 对其进行处理,如在选择选区的时候使用羽化,或者对其边缘使用模糊效果等,处理前和处理后的对比效果如图 4-11 和图 4-12 所示。

图 4-11 未处理的 GIF 图片

图 4-12 使用羽化效果之后的 GIF 图片

GIF 动画是网站上最通用的动画格式之一,许多网页上的动态小装饰是用 GIF 生成的,GIF 格式动画是以一定速度连续播放单张 GIF 图像形成的,能生成 GIF 动画格式的常用软件比较多,如 Ulead GIF Animator 5、Photoshop、Fireworks 等。

【例 4-1】 使用 Ulead GIF Animator 5 制作简单动画。

效果如图 4-13 所示。

步骤:

1) 启动 Ulead GIF Animator 5 软件,新建一个文件,大小为“468 × 120”像素。

2) 使用“文件”菜单下方的“添加图像”,将处理好的图片放入文件中,效果如图 4-14 所示。

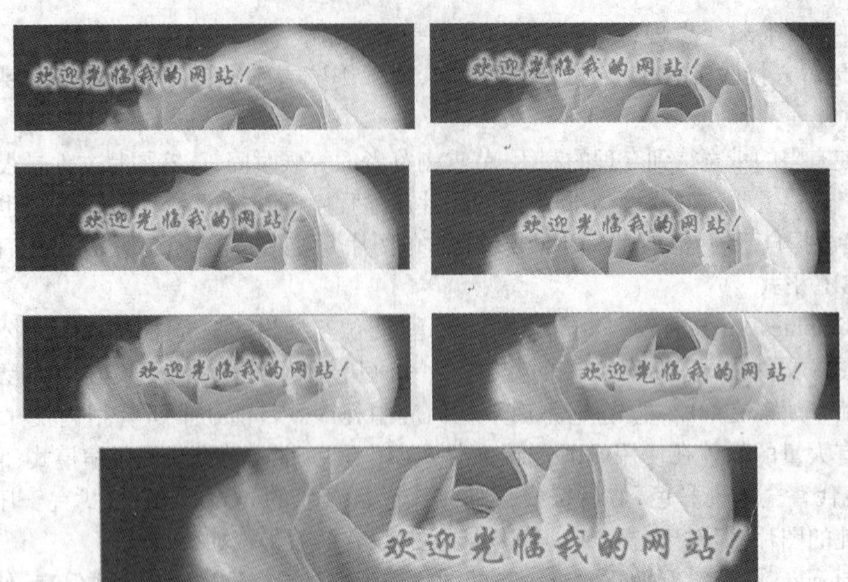

图 4-13　GIF 动画效果图,从上至下分别为第 1 帧到第 7 帧

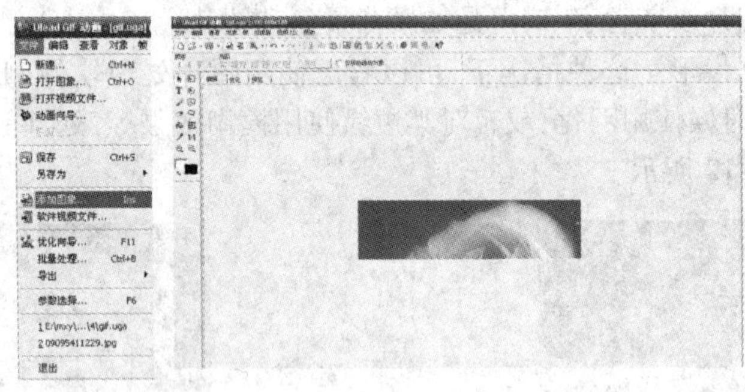

图 4-14　添加图像

3）选择文本工具,输入文字“欢迎光临我的网站!”,效果如图 4-15 所示。

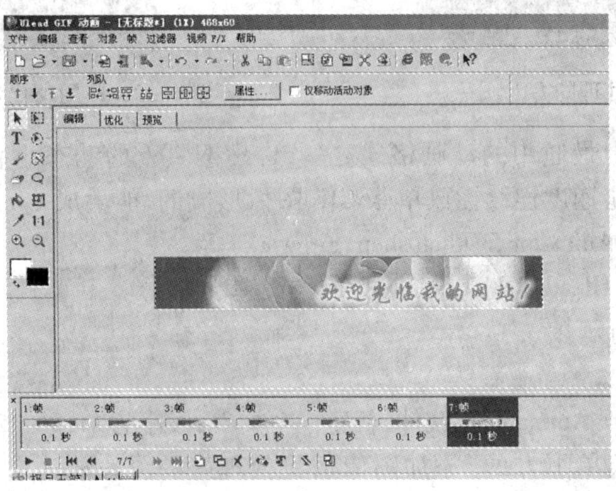

图 4-15　添加文本

4）单击相同帧按钮，增加一个和原始帧相同的帧，然后移动第 2 帧的文字和图片的位置，如图 4-13 第 7 帧所示。

5）同时选中第 1 帧和第 2 帧，单击之间按钮，弹出图 4-16 所示的对话框。

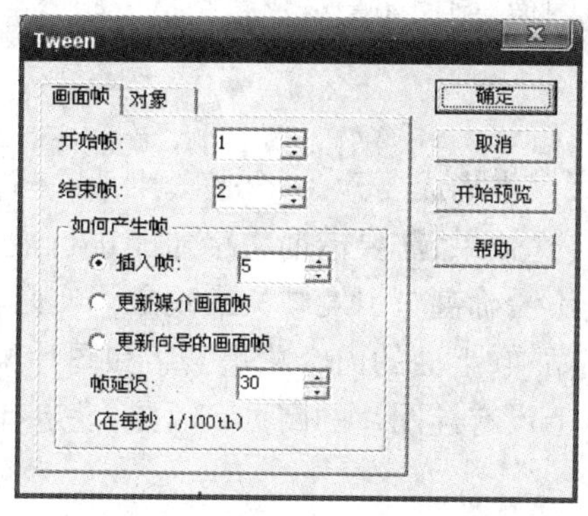

图 4-16 “Tween”对话框设置

6）调整各个帧之间的时间如图 4-17 所示，即可得到案例所示效果。

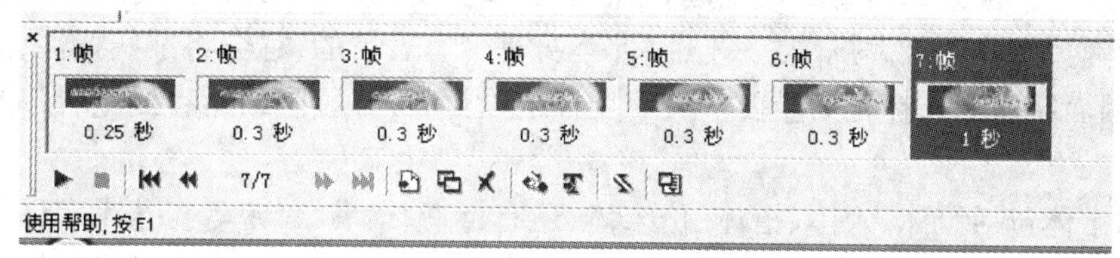

图 4-17 调整各帧时间间隔

（2）PNG 格式

PNG（Portable Network Graphics）的原名称为“可移植性网络图像”，是网上接受的最新图像文件格式，其目的是企图替代 GIF 和 TIFF 文件格式，同时增加一些 GIF 文件格式所不具备的特性。

PNG 能够提供长度比 GIF 小 30% 的无损压缩图像文件。它同时提供 24 位和 48 位真彩色图像支持以及其他诸多技术性支持。PNG 用来存储灰度图像时，灰度图像的深度可多达 16 位，存储彩色图像时，彩色图像的深度可多达 48 位，并且还可存储多达 16 位的 α 通道数据。PNG 使用从 LZ77 派生的无损数据压缩算法。由于 PNG 非常新，目前并不是所有的程序都可以用它来存储图像文件，但 Photoshop 和 Fireworks 可以处理 PNG 图像文件，也可以用 PNG 图像文件格式存储。

（3）JPG 格式

JPG（Joint Photographic Experts Group）是有损压缩，利用人眼对高频细节分辨不是很敏感的特性，将数据量减少。当压缩率过大时，会在图像色彩变化的边界出现马赛克的现象，但是做有限度的压缩时，图像质量损失并不明显，往往不能察觉。它的压缩率是可以调节的，让制图者可以在图像质量与图像文件大小间取得一个平衡点，因此是很有用的一种格式。

JPEG 格式压缩得主要是高频信息，对色彩的信息保留较好，适合应用于互联网，可减少图像的传输时间，可以支持 24bit 真彩色，也普遍应用于需要连续色调的图像。

综上所述，GIF 和 PNG 都是索引色彩，不直接描述像素的颜色，只是说这个点是几号颜色，另外有个索引表给出颜色号对应的 RGB 颜色。有简单的压缩算法，但这种压缩仅对于连续色彩的像素才有效，适用于颜色有限的图像，如商业图形、地图、漫画。如果图片是使用扫描仪或者数码相机输入计算机中，这种图片的色彩比较多，这个时候就应该采用 JPG 格式来存储图片，即 JPG 格式对真彩色图像，例如照片就比较合适。

4.1.4 文字设计

在网页界面设计中有两大基本构成要素，一个是图片，另一个就是文字。只通过图片来传达信息常常不能达到最佳的传达效果，需要借助文字才能进行最有效的说明。在网页界面设计中，文字可以避免信息传达不明确甚至引发歧义的现象。实际上大家在浏览网页的时候也有体会，无论是什么类型的网站，它上面的内容总是文字和图片配合来进行信息的传达，偶尔会有纯文字的网页，但是基本上没有纯图片的网页。因此，设定有效的文字内容是网站传达信息、留住用户的决定性的一步。

1. 字体、字号、行距

(1) 字体

互联网是一个很大的信息共享空间，信息主要以文字的形式展现，如何利用文字传递大量的信息成为网页设计的最大挑战之一。字体本身是带有表情的，它会将某些特性、某种气息带入网页中，因而字体的选择尤为重要。文字字体的设计，最好以网站所有浏览者都能看到的字型为主。

常用的字体包括黑体、宋体、楷体、仿宋体，还有行书、隶书、魏碑等。艺术字体的种类也很多，能在计算机上安装使用的字体有上百种，但是能供用户使用在网页上的字体极少。

计算机能不能显示某种字体，主要取决于字库里是否安装了这种字体。对于一般的计算机上网用户来说，他们使用的字库往往是系统自带的字库，能显示的也就是常见的几种汉字字体和十多种英文字体，而其他系统中没有的字体，在显示的时候会自动转换为自己系统中已有的字体。正是由于这个原因，在设计网页时选用的字体不能太过随意，应该以宋体为主，个别地方使用黑体或隶书。

网页界面设计者可以用字体来更充分地体现设计中要表达的情感。字体选择是一种感性、直观的行为。但是，无论选择什么字体，都要依据网页的总体设想和浏览者的需要。

粗体字强壮有力，适合机械、建筑业等内容；细体字高雅细致，更适合服装、化妆品、食品等行业的内容。在同一页面中，字体种类少，版面雅致，有稳定感；字体种类多，则版面活跃，丰富多彩。关键是如何根据页面内容来掌握这个比例关系。

从加强平台无关性的角度来考虑，正文内容最好采用默认字体。因为浏览器是用本地机器上的字库显示页面内容的。作为网页界面设计者必须考虑到大多数浏览者的机器里只装有 3 种字体类型及一些相应的特定字体。而设计者指定的字体在浏览者的机器里并不一定能够找到，这给网页设计带来很大的局限。解决问题的办法是：在确有必要使用特殊字体的地方，可以将文字制成图像，然后插入页面中。

(2) 字号

字号大小可以用不同的方式来计算，例如磅(point)或像素(pixel)。因为以计算机的像素技术为基础的单位需要在打印时转换为磅，所以，建议采用磅为单位。

最适合于网页正文显示的字体大小为 12 磅左右，现在很多的综合性站点，由于在一个页面中需要安排的内容较多,通常采用9磅的字号。较大的字号可用于标题或其他需要强调的地方,小一些的字号可以用于页脚和辅助信息。需要注意的是,小字号容易产生整体感和精致感,但可读性较差。

(3) 行距

行距的变化也会对文本的可读性产生很大影响。一般情况下,接近字体尺寸的行距设置比较适合正文。行距的常规比例为10:12,即用字10点,则行距12点。这主要是出于以下考虑:适当的行距会形成一条明显的水平空白带,以引导浏览者的目光,而行距过宽会使一行文字失去较好的延续性。

除了对于可读性的影响,行距本身也是具有很强表现力的设计语言,为了加强版式的装饰效果,可以有意识地加宽或缩窄行距,体现独特的审美意趣。例如,加宽行距可以体现轻松、舒展的情绪,应用于娱乐性、抒情性的内容恰如其分。另外,通过精心安排,使宽、窄行距并存,可增强版面的空间层次与弹性,表现出独到的匠心。

行距可以用行高(line-height)属性来设置,建议以磅或默认行高的百分数为单位。例如,{line-height:20pt}、{line-height:150%}。

2. 文字的整体编排

页面里的正文部分是由许多单个文字经过编排组成的群体,要充分发挥这个群体形状在版面整体布局中的作用。从艺术的角度可以将字体本身看成是一种艺术形式,它在个性和情感方面对人们有着很大影响。在网页界面设计中,字体的处理与颜色、版式、图形等其他设计元素的处理一样非常关键。从某种意义上来讲,所有的设计元素都可以理解为图形。

(1) 文字的图形化

由于一般计算机用户字库的字体太少,网页界面设计师想用字体在传达信息的同时又起到装饰作用,不得不使用其他的艺术字体,但必须将字体做成图片格式,尤其是用软件制作的特效字体,这种字体主要用于网站Logo、广告、菜单、链接以及重要的文章标题。

字体具有两方面的作用:一是实现字意与语义的功能,二是美学效应。所谓文字的图形化,即是强调它的美学效应,把记号性的文字作为图形元素来表现,同时又强化了原有的功能。作为网页设计者,既可以按照常规的方式来设置字体,也可以对字体进行艺术化的设计。无论怎样,一切都应围绕如何更出色地实现自己的设计目标。

将文字图形化、意象化,以更富创意的形式表达出深层的设计思想,能够克服网页的单调与平淡,从而打动人心。例如Google网站标志如图4-18所示。

图4-18 Google标志

(2) 文字的叠置

文字与图像之间或文字与文字之间在经过叠置后,能够产生空间感、跳跃感、透明感、杂音感和叙事感,从而成为页面中活跃的、令人注目的元素。虽然叠置手法影响了文字的可读性,但是能造成页面独特的视觉效果。这种不追求易读,而刻意追求"杂音"的表现手法,体现了一种艺术思潮。因而,它不仅大量运用于传统的版式设计,在网页界面设计中也被广泛采用。

(3) 标题与正文

在进行标题与正文的编排时,可先考虑将正文作双栏、三栏或四栏的编排,再进行标题的置入。将正文分栏,是为了求取页面的空间与弹性,避免通栏的呆板以及标题插入方式的单一性。标题虽是整段或整篇文章的标题,但不一定千篇一律地置于段首之上,可作居中、横向、竖向或边置等编排处理,甚至可以直接插入字群中,以新颖的版式来打破旧有的规律。

3. 文字的强调

(1) 行首的强调

将正文的第一个字或字母放大并作装饰性处理,嵌入段落的开头,这在传统媒体版式设计中称之为“下坠式”。此技巧的发明溯源于欧洲中世纪的文稿抄写员。由于它有吸引视线、装饰和活跃版面的作用,所以被应用于网页的文字编排中。其下坠幅度应跨越一个完整字行的上下幅度。至于放大多少,则依据所处网页环境而定。

(2) 引文的强调

在进行网页文字编排时,常常会碰到提纲挈领性的文字,即引文(也称为眉头)。引文概括一个段落、一个章节或全文大意,因此在编排上应给予特殊的页面位置和空间来强调。引文的编排方式多种多样,如将引文嵌入正文的左右侧、上方、下方或中心位置等,并且可以在字体或字号上与正文相区别而产生变化。

4. 文字的颜色

在网页界面设计中,设计者可以为文字、文字链接、已访问链接和当前活动链接选用各种颜色。例如,FrontPage 编辑器的默认的设置是这样的:正常字体颜色为黑色,默认的链接颜色为蓝色,鼠标点击之后又变为紫红色。使用不同颜色的文字可以使想要强调的部分更加引人注目,但应该注意的是,对于文字的颜色,只可少量运用,如果什么都想强调,其实是什么都没有强调。况且,在一个页面上运用过多的颜色,会影响浏览者阅读页面内容,除非有特殊的设计目的。

颜色的运用除了能够起到强调整体文字中特殊部分的作用之外,对于整个文案的情感表达也会产生影响。

5. 网页界面文字的排版设计

(1) 左右均齐编排

文字编排一般从左到右编排,左右的宽度齐整,使人感觉规整、美观、大方,但要避免平淡。可以采用不同形式的字体穿插使用,既可以增加变化又不失整体效果,如图 4-19 所示。

图 4-19　左右均齐编排

(2) 齐左编排

让每一行的第一个字母都统一在左侧的假设线上，右边可长可短，给人优美、自然的节奏感。左齐的排列方式也适合人们的阅读习惯，容易产生亲切感，如图 4-20 所示。

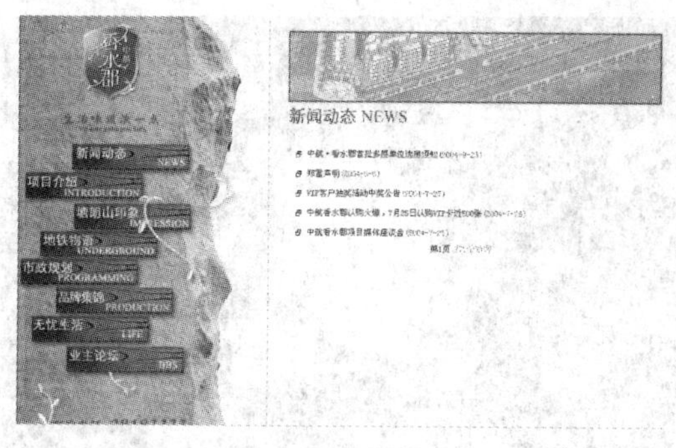

图 4-20　齐左编排

(3) 齐右编排

与齐左编排相反，右边的字尾都统一在右侧的假设线上，与人们的视觉习惯相违背，但借此标新立异，新颖、有格调，成为极具现代意识的版面构成，如图 4-21 所示。

图 4-21　齐右编排

(4) 中间对位编排

让每一行都以假设的中心线对齐，两边任其自由散开，这种排列方式给人一种庄重、典雅的感觉，如图 4-22 所示。

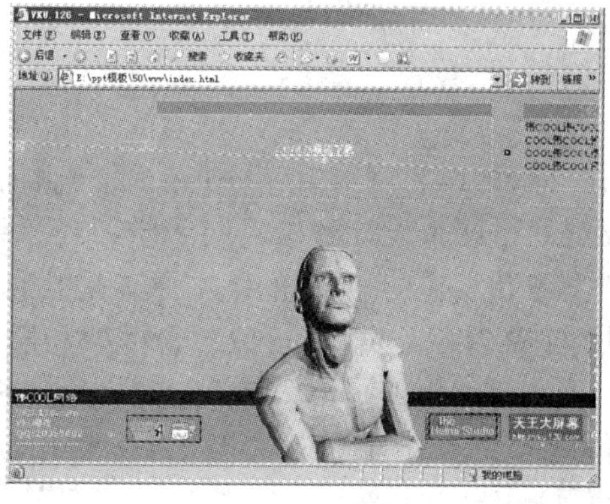

图 4-22　中间对位编排

(5) 沿图形(外轮廓、内空心)编排

让文字沿图形(外轮廓、内空心)编排,形成一种新的图形,增加了图形的层次,这种排列方式突破了传统的编排方式,给人独特、新颖的感觉,如图 4-23 所示。

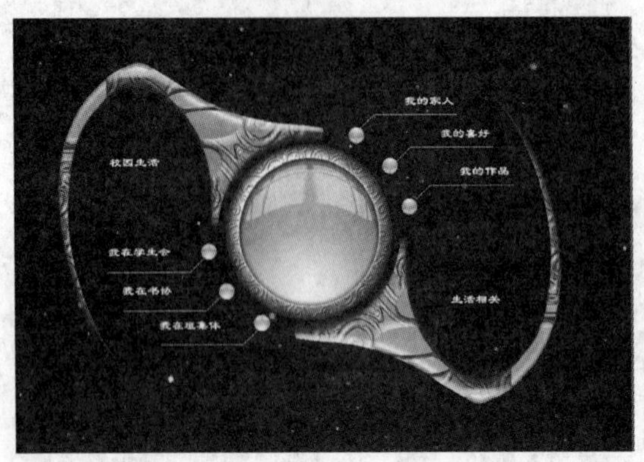

图 4-23　沿图形编排

(6) 自然段落式编排

按照普通书籍的编排方式,开头空两个字,结尾顺其自然,如图 4-24 所示。

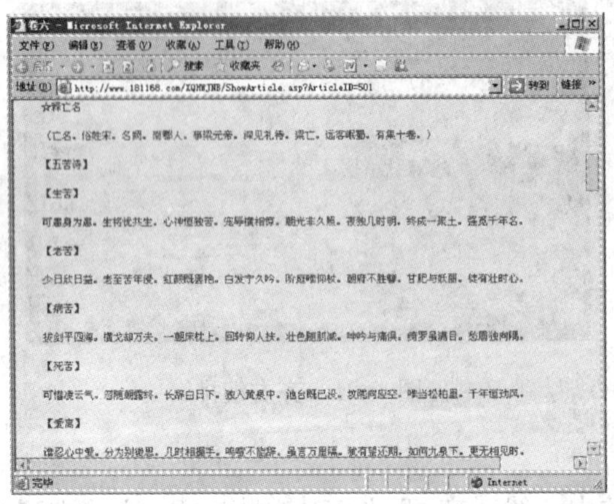

图 4-24　自然段落式编排

4.2　版式的设计

像传统的报刊杂志编辑一样,可以将网页看作一张报纸、一本杂志来进行排版布局。

虽然动态网页技术的发展使得网页设计开始趋向于学习场景编剧的方式,但是固定的网页版面设计基础依然是必须学习和掌握的,它们的基本原理是共通的。

版面指的是浏览器看到的完整的一个页面(可以包含框架和层)。因为每个人的显示器分辨率不同,所以同一个页面的大小可能出现“640×480”像素、“800×600”像素、“1024×768”像素等不同尺寸。为了适合不同的浏览器,有时候有必要做几个支持相应浏览器的版本。

1. 布局

布局就是以最适合浏览的方式将图片和文字排放在页面的不同位置。版面布局也是一个创意的问题，但要比站点整体的创意容易、有规律得多。下面首先来了解一下版面布局的步骤。

（1）草案

新建页面就像一张白纸，没有任何表格、框架和约定俗成的东西，可以尽可能的发挥自己的想象力，将想到的“景象”画上去，可以用一张白纸和一支铅笔，当然用作图软件 Photoshop 等也可以。这属于创造阶段，不讲究细腻工整，不必考虑细节功能，只以粗陋的线条勾画出创意的轮廓即可。尽可能多画几张，最后选定一个满意的作为继续创作的脚本。

（2）粗略布局

在草案的基础上，将确定需要放置的功能模块安排到页面上，主要包含网站标志、主菜单、新闻、搜索、友情链接、广告条、邮件列表、计数器、版权信息等。注意，这里必须遵循突出重点、平衡协调的原则，将网站标志、主菜单等最重要的模块放在最显眼、最突出的位置，然后再考虑次要模块的摆放。

（3）定案

将粗略布局精细化、具体化。

在布局过程中，可以遵循的原则如下。

- 正常平衡。亦称“匀称”。多指左右、上下对照形式，主要强调秩序，能达到安定、诚实、信赖的效果。
- 异常平衡。即非对照形式，但也要平衡和韵律，当然都是不均整的，此种布局能达到强调性、不安性、高注目性的效果。
- 对比。所谓对比，不仅利用色彩、色调等技巧来作表现，在内容上也可涉及古与今、新与旧、贫与富等对比。
- 凝视。所谓凝视是利用页面中人物视线，使浏览者仿照跟随的心理，以达到注视页面的效果，一般多用明星凝视状。
- 空白。空白有两种作用，一方面对其他网站表示突出卓越感，另一方面也表示网页品位的优越感，这种表现方法对体现网页的格调十分有效。
- 尽量用图片解说。此法对不能用语言说服或用语言无法表达的情感，特别有效。图片解说的内容，可以传达给浏览者更多的心理因素。

以上的设计原则，虽然枯燥，但是如果能领会并活用到页面布局里，效果就大不一样了。例如，

- 网页的白色背景太虚，则可以加些色块。
- 版面零散，可以用线条和符号串联。
- 左面文字过多，右面则可以插入一张图片保持平衡。
- 表格太规矩，可以改用导角试试。

经过不断的尝试和推敲，才能制作出有自己特色的、吸引人注意的网页版面。

2. 常见布局结构

网页版式的基本类型主要有骨骼型、满版型、分割型、中轴型、曲线型、倾斜型、对称型、焦点型、三角型、自由型 10 种。

（1）骨骼型

网页版式的骨骼型是一种规范的、理性的分割方法，类似于报刊的版式。常见的骨骼型有

竖向通栏、双栏、三栏、四栏和横向的通栏、双栏、三栏和四栏等。一般以竖向分栏为多。这种版式给人以和谐、理性的美。几种分栏方式结合使用，既理性、有条理，又活泼而富有弹性，如图4-25所示。

图 4-25　骨骼型

（2）满版型

页面以图像充满整版。主要以图像为诉求点，也可将部分文字压置于图像之上。视觉传达效果直观而强烈。满版型给人以舒展、大方的感觉。随着宽带的普及，这种版式在网页设计中的运用越来越多，如图 4-26 所示。

图 4-26　满版型

（3）分割型

把整个页面分成上下或左右两部分，分别安排图片和文案。两个部分形成对比：有图片的部分感性而具活力，文案部分则理性而平静。可以调整图片和文案所占的面积，来调节对比的强弱。例如，如果图片所占比例过大，文案使用的字体过于纤细，字距、行距、段落的安排又很疏落，则造成视觉心理的不平衡，显得生硬。倘若通过文字或图片将分割线虚化处理，就会产生自然和谐的效果，如图 4-27 所示。

（4）中轴型

沿浏览器窗口的中轴将图片或文字作水平或垂直方向的排列。水平排列的页面给人稳定、平静、含蓄的感觉，垂直排列的页面给人以舒畅的感觉，如图 4-28 所示。

图 4-27　分割型

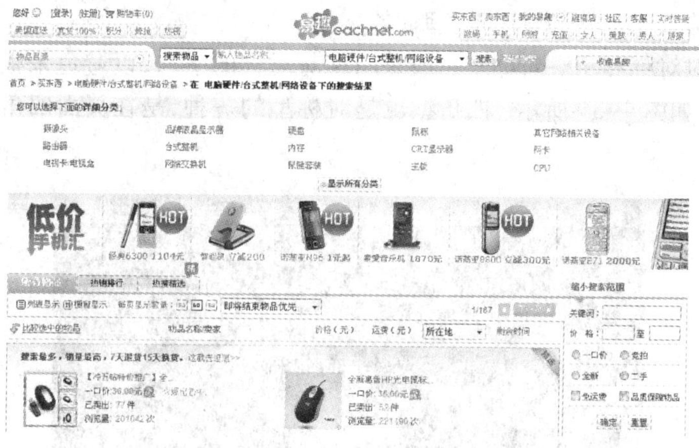

图 4-28　中轴型

（5）曲线型

图片、文字在页面上作曲线的分割或编排构成，产生韵律与节奏，如图 4-29 所示。

图 4-29　曲线型

（6）倾斜型

页面主题形象或多幅图片、文字作倾斜编排，形成不稳定感或强烈的动感，引人注目，如图 4-30 所示。

图 4-30　倾斜型

(7) 对称型

对称的页面给人稳定、严谨、庄重、理性的感受。

对称分为绝对对称和相对对称。一般采用相对对称的手法，以避免呆板。左右对称的页面版式比较常见，如图 4-31 所示。四角型也是对称型的一种，是在页面四角安排相应的视觉元素。

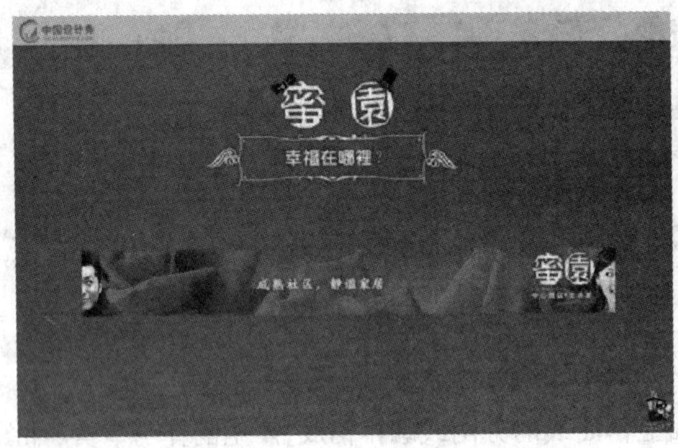

图 4-31　左右对称型

四个角是页面的边界点，重要性不可低估。在四个角安排的任何内容都能产生安定感。控制好页面的四个角，也就控制了页面的空间。越是凌乱的页面，越要注意对四个角的控制。

(8) 焦点型

焦点型的网页版式通过对视线的诱导，使页面具有强烈的视觉效果。

焦点型分 3 种情况。第 1 种是中心，以对比强烈的图片或文字置于页面的视觉中心，如图 4-32 所示。第 2 种是向心，视觉元素引导浏览者视线向页面中心聚拢，就形成了一个向心的版式。向心版式是集中的、稳定的，是一种传统的手法。第 3 种是离心，视觉元素引导浏览者视线向外辐射，则形成一个离心的网页版式。离心版式是外向的、活泼的，更具现代感，运用时应注意避免凌乱。

图 4-32　焦点型

(9) 三角型

网页各视觉元素呈三角形排列。正三角形(金字塔型)最具稳定性,倒三角形则产生动感。侧三角形构成一种均衡版式,既安定又有动感,如图 4-33 所示。

(10) 自由型

自由型的页面具有活泼、轻快的风格,如图 4-34 所示。

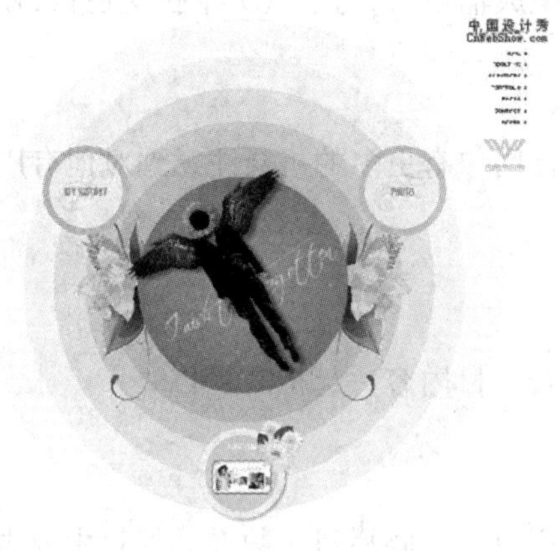

图 4-33　三角型

图 4-34　自由型

4.2.1　栏目的设计

建立一个网站好比写一篇文章,首先要拟好提纲,文章才能主题明确,层次清晰。如果网站结构不清晰,目录庞杂,不但浏览者看得糊涂,制作者自己扩充和维护网站也相当困难。

网站的题材确定了,并且收集了许多相关的资料内容,但如何组织内容才能吸引网友们来浏览网站呢? 其中最主要的就是区分哪些组织成固定栏目,哪些是功能模块。栏目的实质是一个网站的大纲索引,索引应该将网站的主题明确显示出来。

1. 栏目的设计和呈现的要点

(1) 主栏目设计

主栏目是最主要的分类方式,一般以绝大部分的自然兴趣点为核心,在设计上需要强调,以引导用户进入主栏目页面,从而能更深入、更全面地了解和使用网站的服务,如图 4-35 所示。

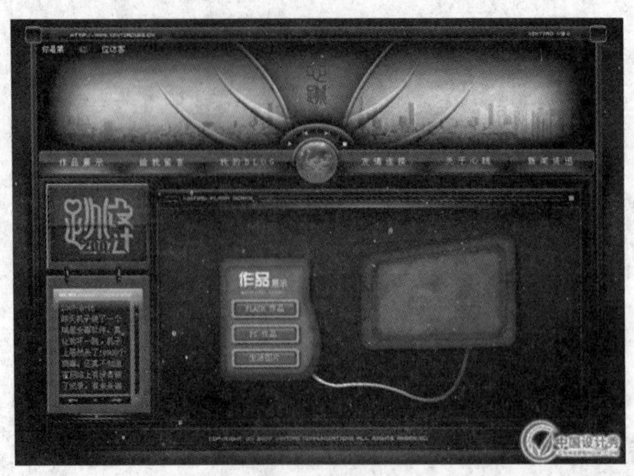

图 4-35　主栏目设计

(2) 辅栏目设计

辅栏目设计是一些与主体信息关系不大的内容组织成辅栏目，为了避免干扰主栏目，在呈现上要弱于主栏目。

(3) 功能模块

功能模块可以根据需要，将信息用其他方式组织，让用户有更多的机会注意到对他有用的信息。

(4) 子栏目

子栏目是在栏目下面再根据兴趣点所设定的。

一般情况下，首页上会有各个栏目展开的位置，结合栏目内容一起推广栏目。

2. 一般的网站栏目安排要点

(1) 紧扣主题

将主题按一定的方法分类并将它们作为网站的主栏目。主题栏目个数在总栏目中要占绝对优势，这样的网站显得专业，主题突出，容易给人留下深刻印象。

(2) 设立最近更新或网站指南栏目

设立"最近更新"的栏目，是为了照顾常来的访客，让主页更加人性化。如果主页内容庞大，层次较多，而又没有站内的搜索引擎，设置"本站指南"栏目，可以帮助初访者快速找到他们想要的内容。

(3) 设立可以双向交流的栏目

例如论坛、留言板、邮件列表等，可以让浏览者留下他们的信息。

(4) 设立下载或常见问题回答栏目

网络的特点是信息共享。如在主页上设置一个资料下载栏目，便于访问者下载所需资料。另外，如果站点经常收到网友关于某方面的问题来信，最好设立一个常见问题回答的栏目，既方便了网友，也可以节约时间。

4.2.2　二级页面的界面设计

网站主页链接的页面属于一级页面，在一级页面上的链接就是二级页面，如果是网站就分两级，也叫次级页面。

二级页面的界面设计和首页相比要简单很多，如果说首页是将不同的信息概要显示的话，那么二级页面就是具体信息显示的地方。设计二级页面的界面和设计首页的界面有很大的不同点，首页设计的重点是网站导航图的入口以及确立网站的形象和风格；二级页面一方面要保证风格和首页一致，另一方面是确保将信息准确得传达给用户。

设计二级页面的界面时应注意以下几点。

1）二级页面的风格要和首页保持一致。实现的方法主要有：设置相同的背景色、固定Logo 的位置、固定栏目的位置、采用相似的配色方案等。

2）二级页面要留有足够的空间以填充信息。

3）在任意一个二级页面都要确保能够随时返回首页。

4）由于二级页面的个数较多，一般会设计为模板形式，便于风格的统一和修改。

4.2.3 界面设计技巧

1. 首页强化栏目

由于篇幅有限，首页不可能展示太多内容，网站的大部分精彩内容是放在了栏目页面中，因此在设计上需要对栏目有所强化和推荐。

（1）用分类索引的方式强化栏目

所谓分类索引，是指将各栏目下的子栏目同时呈现出来，便于用户查找的一种呈现方式，用分类索引的方式呈现栏目，有 3 大优点。

1）栏目的子栏目文字本身就是对栏目所涵盖的范围的一种最好的解释，有助于用户理解本栏目到底是做什么的，是否对他有帮助，并且有助于用户准确理解各栏目之间的区别。

2）子栏目呈现出来意味着整个栏目在页面上会占有较大的位置，会整体增强用户的关注和重视。

3）用户可以直接点击进入子栏目，减少一次跳转。

分类索引的类型分为板块式、层级式和鼠标响应式 3 种。其中板块式可以更明确地强化栏目的地位和导向。层级式有较强的层进关系和比较好的扩展性，并且很容易体现当前的定位。鼠标响应式占据的设计面积小，各栏目的子栏目并不是同时呈现出来的，而是当用户的鼠标点击或者移动到该栏目上时，子栏目才显示出来。

（2）用引人注目的设计元素强化栏目

为了能使栏目引人注目，可以采用精致的图标、明亮的颜色、视觉导线、比喻性的视觉元素来强化栏目。精美并且有鼠标响应的图标会让用户对栏目产生强烈的印象和使用兴趣。明亮的颜色能更快地被用户注意和识别。用线型、箭头和符号等视觉导线引导用户的视线，可以强化用户对栏目的注意。用比喻性的视觉元素可以有比较奇特的视觉和心理效果。

2. 首页设计原则

首页最重要的功能是作为站点导航的入口点，让用户明白这个站点能为自己提供些什么服务。用户对首页的设计最看重的就是方便实用，即内容和版面的设置能帮助他们快速的找到所需的信息，同时，用户会从首页的内容直观的判断网站内容的丰富程度，从首页风格上判断网站的形象和风格。

首页中最重要的是首屏，即访问者不用拖动滚动条就可以看到的页面范围。首屏是信息显示的最佳位置，首屏的结构很大程度上引导着用户的浏览导向，同时首屏的印象会根深蒂固的根植于用户的脑中，以后每当想起这个网站，脑海里浮现的就是首页首屏的形象。

首页设计的基本原则如下。

1）首屏上最显著的设计元素之一应该是公司或站点的名称。

2）首屏要体现最基本的用户任务，即大多数用户需要使用的功能和网站推荐的服务。

3）首屏需要传达足够的信息，让用户感受网站内容或功能的丰富。

4）首屏需要体现网站的更新，体现网站的活力。

5）首屏设计能够引人注目，让人过目不忘，并对网站形象产生良好的认知和记忆。

6）首屏需要较快地下载，因此网页需要减少图像，减少表格的复杂性，保证下载速度。

7）首屏需要考虑广告的位置和呈现。

8）首页首屏以下需要体现下级菜单，至少提供入口。

9）除首页之外的页面都需要有“首页”的明显链接。

10）重要信息和功能放在首屏，首页的长度应控制在两屏以内，不要超过三屏，太长的页面会让用户产生厌烦感。

3. 确立网站的CI形象

所谓CI，是借用的广告术语（CI是英文corporate identity的缩写），意思是通过视觉来统一企业的形象。现实生活中的CI策划比比皆是，杰出的例子如：可口可乐公司，全球统一的标志、色彩和产品包装，给人们的印象极为深刻。更多的例子如SONY、三菱、麦当劳等。一个杰出的网站，和实体公司一样，也需要整体的形象包装和设计。准确的、有创意的CI设计，对网站的宣传推广有事半功倍的效果。在网站主题和名称定下来之后，需要思考的就是网站的CI形象。

（1）设计网站的标志（Logo）

如同商标一样，Logo是站点特色和内涵的集中体现，看见Logo就让大家联想起相关的站点。标志可以是中文、英文字母，可以是符号、图案，可以是动物或者人物等。例如，Google是用Google的英文作为标志，新浪用字母Sina加上眼睛作为标志。

标志的设计创意来自网站的名称和内容。如网站有代表性的人物、动物、花草，可以用它们作为设计的蓝本，加以卡通化和艺术化，例如迪斯尼的米老鼠，搜狐的卡通狐狸，鲨威体坛的篮球鲨鱼。网站有专业性的，可以以本专业有代表的物品作为标志，例如中国银行的铜板标志，奔驰汽车的方向盘标志。最常用和最简单的方式是用自己网站的英文名称作标志，采用不同的字体，字母的变形，字母的组合可以很容易制作好自己的标志。

（2）设计网站的标准色彩

网站给人的第一印象来自视觉冲击，确定网站的标准色彩是相当重要的一步。不同的色彩搭配产生不同的效果，并可能影响到访问者的情绪。

标准色彩是指能体现网站形象和延伸内涵的色彩。例如，IBM的深蓝色，可口可乐的红色，Windows视窗标志上的红蓝黄绿色块，都使浏览者觉得很贴切、很和谐。一般来说，一个网站的标准色彩不超过3种，太多则让人眼花缭乱。标准色彩要用于网站的标志、标题、主菜单和主色块，给人以整体统一的感觉。至于其他色彩也可以使用，只是作为点缀和衬托，绝不能喧宾夺主。一般来说，适合于网页标准色的颜色有：蓝色、黄/橙色、黑/灰/白色3大系列色。

(3) 设计网站的标准字体

和标准色彩一样，标准字体是指用于标志、标题、主菜单的特有字体。一般网页默认的字体是宋体，为了体现站点的与众不同和特有风格，可以根据需要选择一些特别字体。例如，为了体现专业可以使用粗仿宋体，体现设计精美可以用广告体，体现亲切随意可以用手写体等。需要说明的是：使用非默认字体只能用图片的形式，因为很可能浏览者的计算机里没有安装制作者的特别字体。

(4) 设计网站的宣传标语

宣传标语也可以说是网站的精神、网站的目标，用一句话甚至一个词来高度概括。类似实际生活中的广告金句。例如，雀巢的“味道好极了”；麦斯威尔的“好东西和好朋友一起分享”；Intel 的“给你一个奔腾的心”。

以上 4 方面：标志、色彩、字体、标语是一个网站树立 CI 形象的关键，确切地说是网站的表面文章，设计并完成这几步，网站将脱胎换骨，整体形象有一个提高。

4.3 网站界面首页设计案例——四叶草公司网站首页设计与制作

1. 案例效果

案例效果如图 4-36 所示。

图 4-36 四叶草公司网站首页效果

2. 案例目标

本案例通过对四叶草数码公司首页的设计与制作，掌握公司网站首页的设计方法和设计要素，并掌握相关软件的使用方法。

3. 操作步骤

1) 启动 Photoshop 软件，新建一个“950 × 650”像素的文件 001. psd，如图 4-37 所示。

2) 建立新图层，设置为渐变填充颜色，渐变类型为线型渐变，颜色为(150,219,153)到(0,127,174)，效果如图 4-38 所示。

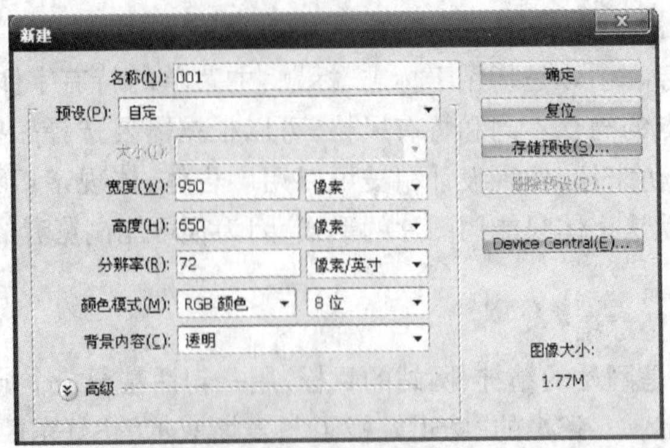

图 4-37　新建窗口

图 4-38　填充页面

3）使用“视图”→“标尺”，根据对首页页面结构的划分，为页面设置参考线，如图 4-39 所示。

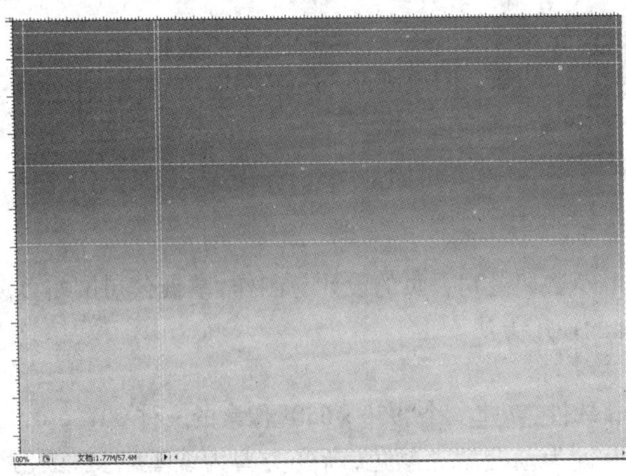

图 4-39　设置参考线

4）为页面添加主图。首先将处理好的图片拖入到背景中，放置于页面的左下角，为了使得图片能与背景更好地融合，使用了图层蒙板效果，处理完成的效果如图 4-40 所示。

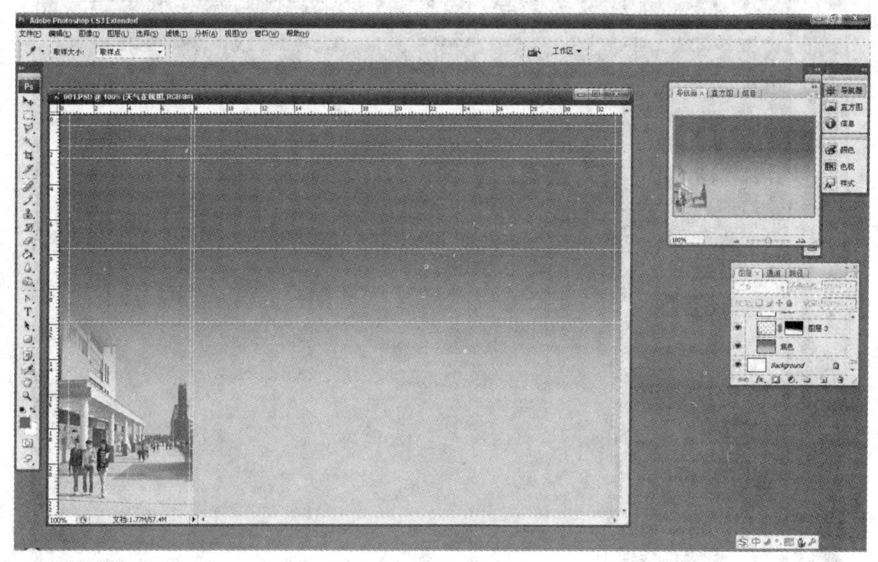

图 4-40　添加主图

5）在页面右方加入白色背景，作为放置具体内容的范围，效果如图 4-41 所示。

图 4-41　添加白色背景

6）在页面顶部添加导航条，为了使得导航条比较醒目，为其增加一个深色的背景，本网站的主要栏目有：施工管理、装修案例、网上订单、收藏本站以及相关信息；辅助栏目有：首页、关于我们、设计群体、网站地图；二级栏目有：管理二、管理三、管理四、管理五。效果如图 4-42 所示。

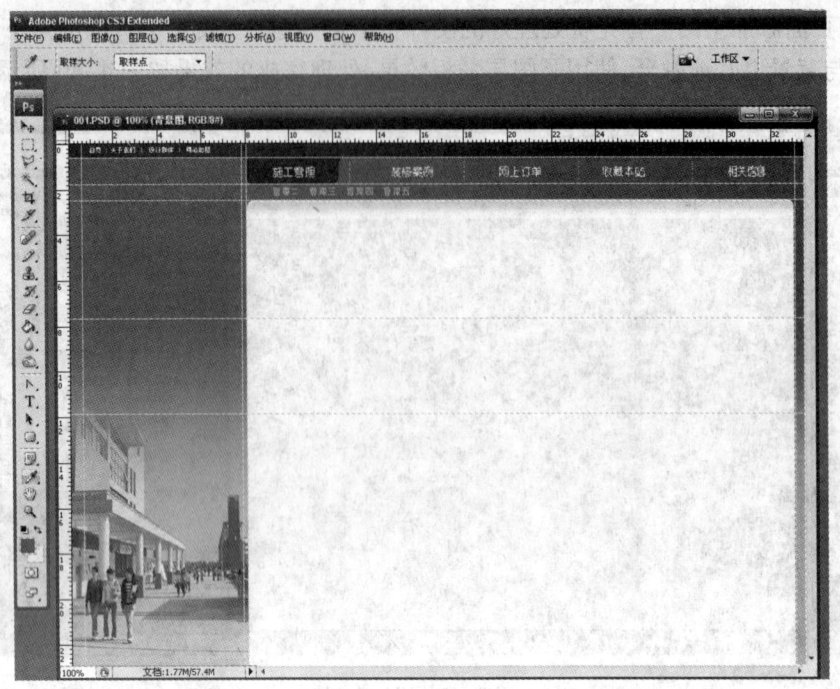

图 4-42　添加导航栏

7）加入网站 Logo（该 Logo 在前面的章节中已经完成，详细制作步骤略），效果如图4-43所示。

图 4-43　添加 Logo

8）添加用户注册及登录模块，放置于网站 Logo 下方，效果如图 4-44 所示。

图 4-44　添加注册及登录模块

9）添加 Banner 动画部分，由于现在只是要对整个网站的版面做一个布局，因此 Banner 动画部分暂时由一张静态的图片替代，等到读者学习了第 7 章网页广告设计之后，再将此处的图片替换为相应的动画，效果如图 4-45 所示。

图 4-45　添加 Banner 动画

10）添加业内动态、装修案例以及专题栏目，在添加的过程中，读者应注意图片与文字的搭配，不宜只用文字，也不宜多用图片，尽量使得版面效果美观、大方。具体效果如图 4-46 所示。

图 4-46　添加网站栏目 1

11）添加联系我们、天气预报和地区搜索栏目，具体效果如图 4-47 所示。

图 4-47　添加网页栏目 2

12）添加友情链接栏目，该栏目位于版面的右方，友情链接的栏目有：平面布局、颜色搭配、材质常识和家具保养，如图 4-48 所示。

13）添加版权信息：“2008 年 10 月 1 日制作本网站 四叶草公司 本网站所有信息归四叶草公司所有 联系电话 023 - 12345678”，效果如图 4-36 所示。

本案例源文件参见 001. psd。

图 4-48　添加网页栏目 3

4.4　网站界面中二级页面设计案例——四叶草公司网站二级页面设计与制作

1. 案例效果

案例效果如图 4-49 所示。

图 4-49　四叶草公司网站二级页面效果

2. 案例目标

本案例通过对四叶草数码公司二级页面的设计与制作，掌握公司网站二级页面的设计方法和设计要素，注意与公司首页设计与制作的区别和相同点，并掌握相关软件的使用方法。

3. 操作步骤

1）启动 Photoshop 软件，新建一个“1100 ×931”像素的文件 002. psd，如图 4-50 所示。

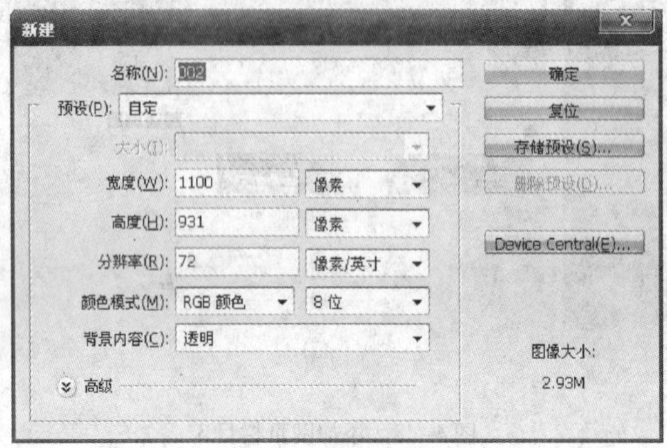

图 4-50　新建文件窗口

2）建立新图层，设置为渐变填充颜色，渐变类型为线型渐变，颜色为(20,40,23)、(150,219,153)、(0,127,174)，效果如图 4-51 所示。

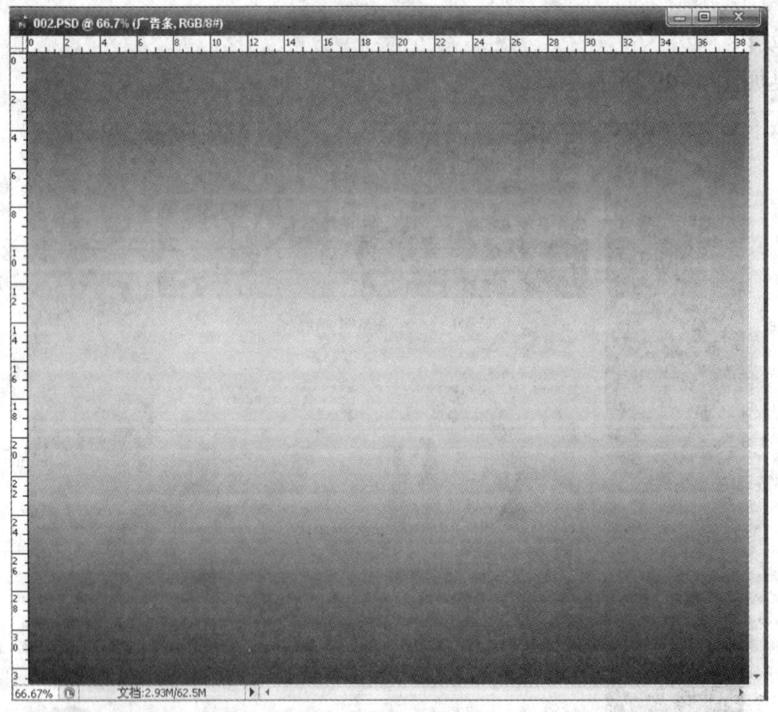

图 4-51　设置背景色

3）使用“视图”→“标尺”，根据对首页页面结构的划分，为页面设置参考线，如图 4-52 所示。

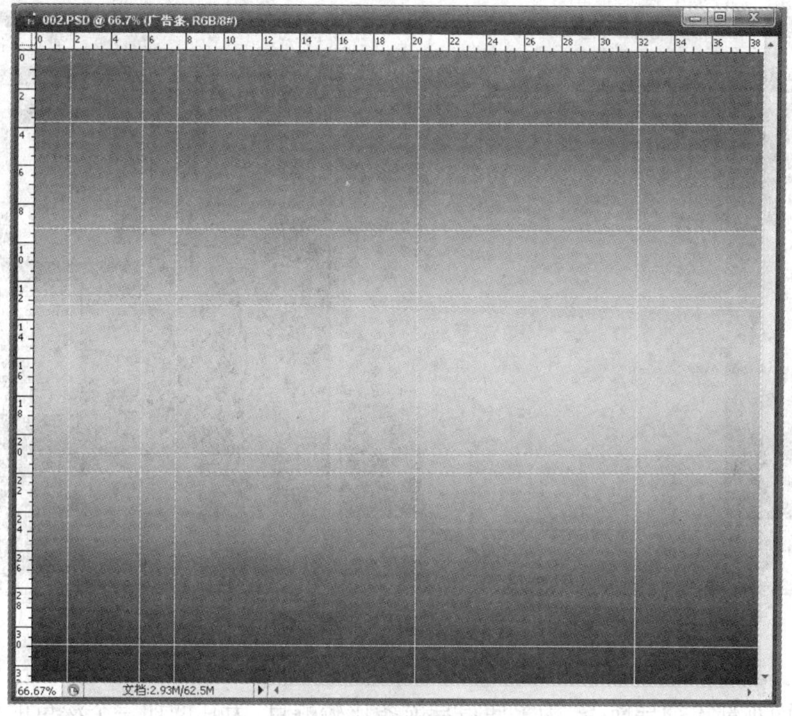

图 4-52　设置参考线

4）为页面添加背景图。首先将处理好的图片拖入到背景中，为了加深浏览者对网站的记忆，背景图片使用的是网站 Logo，处理完成的效果如图 4-53 所示。

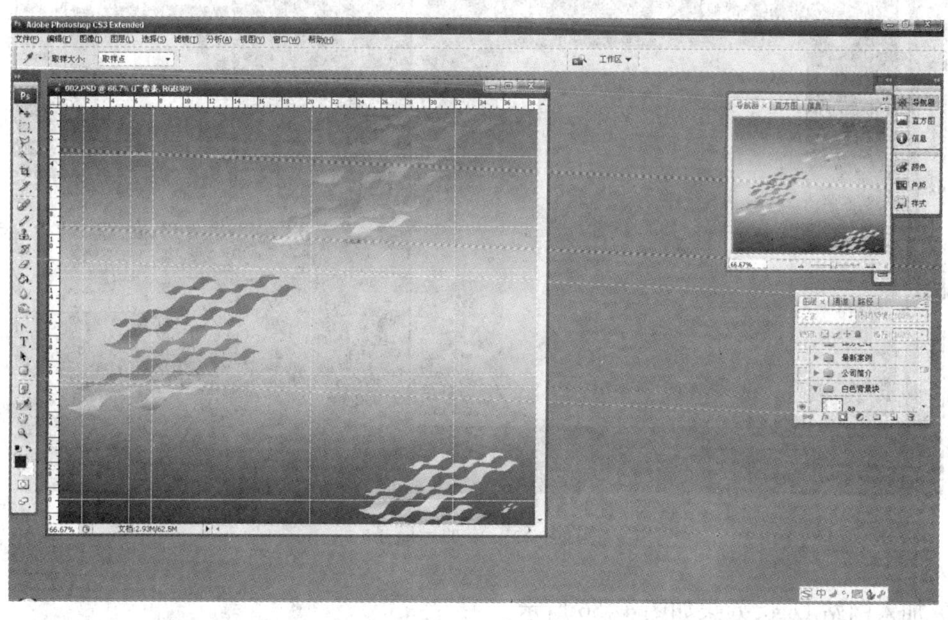

图 4-53　设置背景图片

5）在页面中间加入白色背景，作为放置具体内容的范围，效果如图 4-54 所示。

图 4-54　设置白色背景

6）在页面顶部添加导航条，为了使得导航条比较醒目，为其增加一个深色的背景，效果如图 4-55 所示。

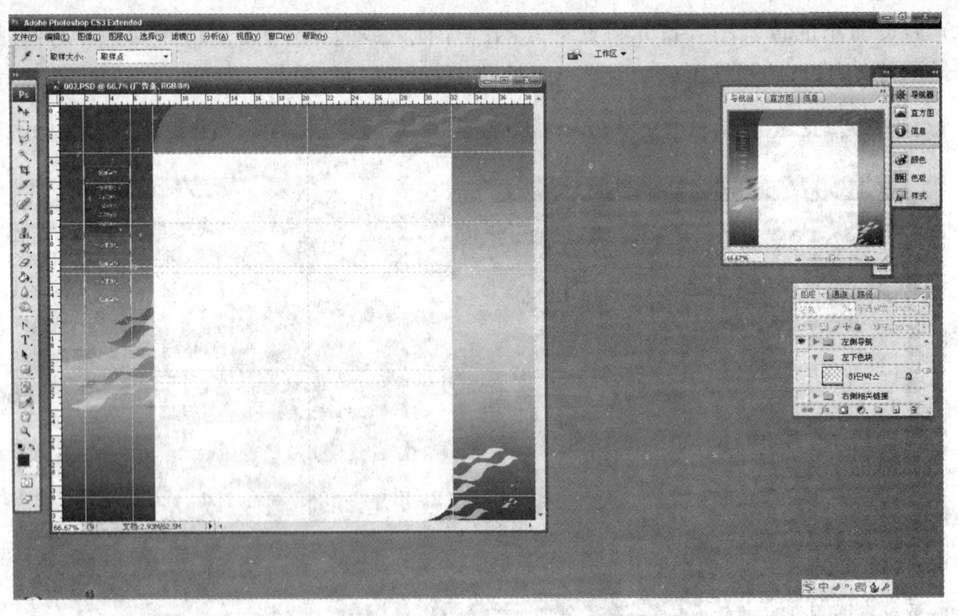

图 4-55　添加导航条

7）加入网站 Logo，效果如图 4-56 所示。

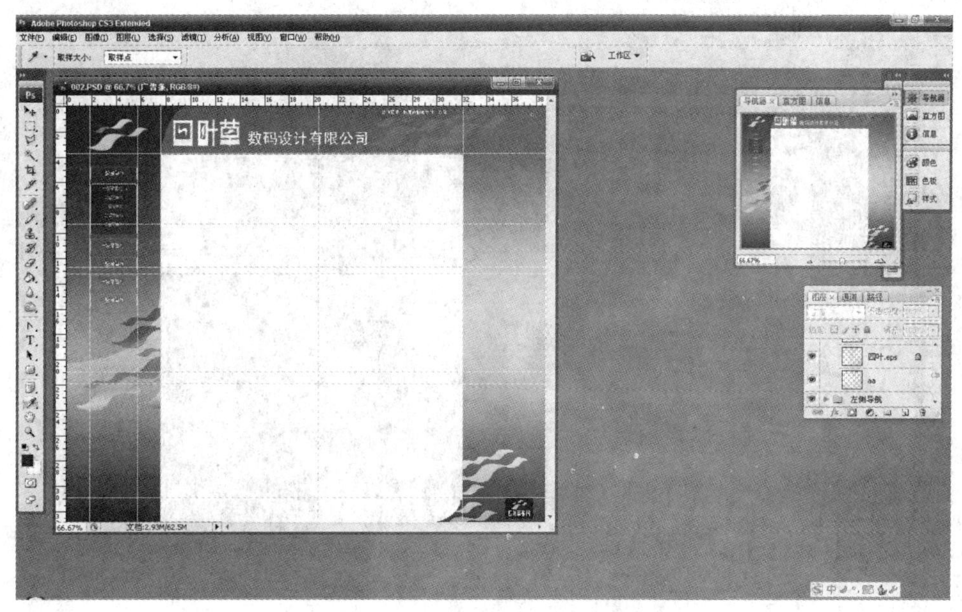

图 4-56　添加网站 Logo

8）添加 Banner 动画部分，由于现在只是要对整个网站的版面做一个布局，因此 Banner 动画部分暂时由一张静态的图片替代，如图 4-57 所示。等到读者学习了第 7 章网页广告设计之后，再将此处的图片替换为相应的动画。

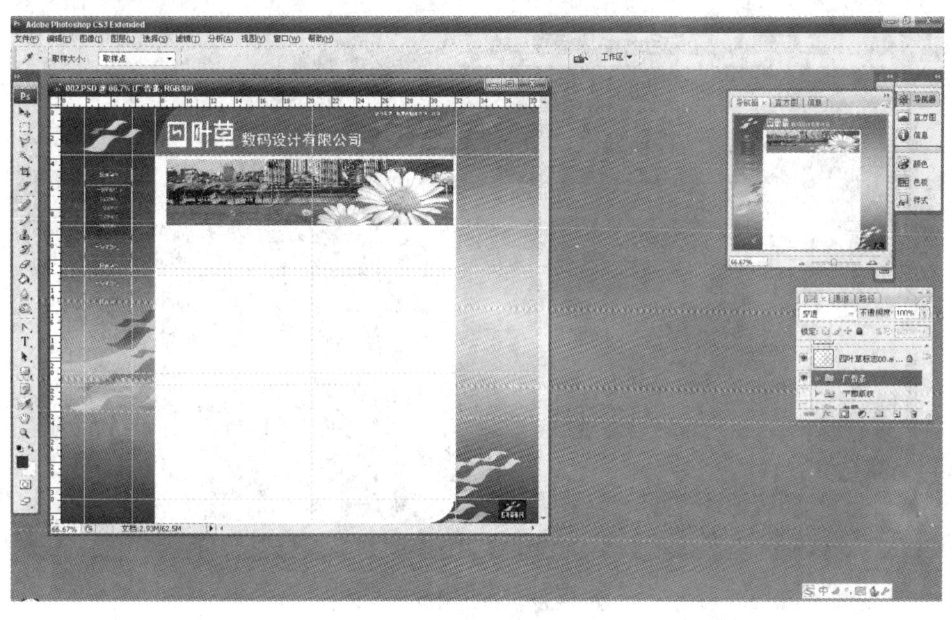

图 4-57　添加 Banner 动画

9）添加关于我们、设计案例栏目，在添加的过程中，应注意图片与文字的搭配，不宜只用文字，也不宜多用图片，尽量使得版面效果美观、大方。具体效果如图 4-58 所示。

图 4-58　添加网页栏目 1

10）添加最新信息、招聘信息、室内设计项目和平面设计项目栏目，具体效果如图 4-59 所示。

图 4-59　添加网页栏目 2

11）添加友情链接栏目和团队链接栏目，该栏目位于版面的右方，团队链接的栏目有：设计团队、主要业绩和相关图片。效果如图 4-60 所示。

图 4-60　添加网页栏目 3

12）最后添加快速搜索以及版权信息，效果如图 4-49 所示。

本案例源文件参见 002. psd。

4.5　实训

主题：收集资料，设计一个个人网站的首页和二级页面。

实训目的：

- 掌握首页制作的过程和方法。
- 掌握二级页面的制作过程和方法。
- 掌握使用网页设计软件进行首页布局的方法。
- 掌握使用网页设计软件生成首页并确定网站风格的方法。
- 掌握色彩搭配的基本原则。

实训条件：

Windows 2000/2003/XP。

Dreamweaver 6. 0/7. 0/8. 0。

CorelDRAW 9. 0/11/12。

Photoshop 8. 0。

实训内容：

- 确立首页风格，规划首页结构，设计首页布局。
- 为网页构图和配色。
- 确定二级页面的风格。

4.6 习题

1. 什么是风格？简述通过哪些方法能确立网站的风格。
2. 简述色彩搭配的基本原则。
3. 简述网页图片的处理和使用方法。
4. 用自己的名字设计一个 Logo。
5. 简述在设计页面时应注意些什么？

第5章　网站界面中导航系统的设计

本章要点

- 导航系统设计概述
- 导航系统设计
- 导航系统设计案例

一个优秀的网站不能仅仅满足于拥有丰富的可供利用的资源，从信息构建的角度来看，资源丰富只是保证网站得到用户满意的基本条件。如果信息是杂乱无章地放置或者内容只是基本有序，但过于庞杂或者功能结构凌乱，用户在登录这样的网站时仍然不知所措，很难完成自己预定在网站上完成的任务，或者网站所有者很难将信息准确传递给用户，这必然会造成无法达到网站建设的目的。所以一个好的网站导航系统是否合理，也是网站设计与建设是否成功的一个重要因素。

5.1　导航系统设计概述

5.1.1　设计目的

Internet 上的信息种类繁多、数量惊人，存储分散无序，加上超链接技术的广泛使用，使信息空间更加复杂化，浏览器在其中很难快速、便捷的获取有用的信息。

早在 1975 年，美国建筑师沃尔曼(Richard Saul Wurman)就创造性地提出了信息构建这个想法，当时没有引起人们的重视。直到 20 世纪 90 年代中后期，随着计算机网络应用的普及化和网络空间的扩大化，信息生态环境的日益严峻，关于信息构建的提法才逐渐引起了人们的极大关注。

信息构建(Information Architecture, IA)就是组织信息和设计信息环境、信息空间或信息体系结构，以满足用户的信息需求的一门艺术和科学。

网站信息结构的实质就是通过信息组织系统、标识系统、导航系统和搜索系统的设计和处理，帮助人们在 Internet 环境中更容易发现和管理信息，更加有效地解决用户的信息需求问题。无论是采取导航、标识、组织和搜索哪一种处理方式，其目的就是要起到如同建筑物或道路的标识牌一样的功效，正确而快捷地引导用户找到所需信息或完成某种需求。

网站导航并不像网站地图那样具有一般的表现形式和比较统一的内容，网站导航实际上并不是一个非常确定的功能或者手段，而是一个通称。凡是有助于方便用户浏览网站信息、获取网站服务，并具有在整个过程中不至于迷失方向、在发现问题时可以及时找到在线帮助的所有形式都是网站导航系统的组成部分。

网站导航的基本作用是为了让用户在浏览网站过程中不至于迷失方向，并且可以方便地回到网站首页以及其他相关内容的页面。

这主要是基于这样一个重要事实：

绝大多数用户（大约50% ~90%）都不是通过一个网站的首页逐级浏览各个栏目和网页内容的，如果用户是从某一个网页访问一个网站，由于没有详细的导航引导，用户很容易在网站中迷失方向。例如搜狐的首页全是栏目导航或重点内容的导航，如图 5-1 所示。

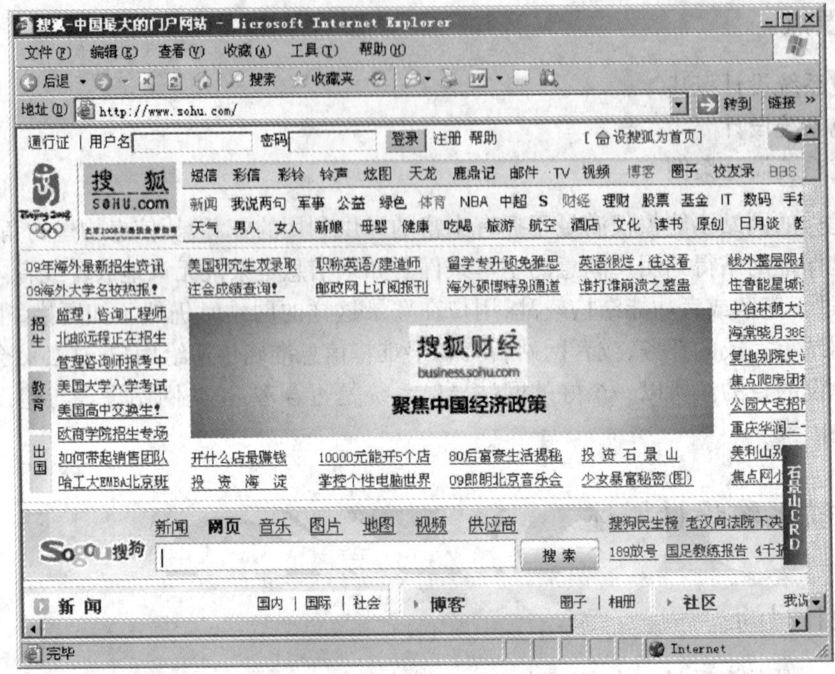

图 5-1 网站导航

网站导航系统的好坏直接影响着用户对网站的感受，也是网站信息是否可以有效地传递给用户的重要影响因素之一。因此，网站导航系统成了评价网站是否专业、是否具有网络营销导向的基本指标之一。

5.1.2 设计原则

网站导航系统与汽车导航类似，是为了防止在网站内迷路而起引导作用的工具。在设计网站导航时，不妨以百货商店作为参考对象。为了方便购物，首先要了解百货商店一共有几层，各层分别经营什么商品，也可以用这样的要求来设计网站导航。

1）首先是了解网站的整体结构，如果不知道自己所处的位置，将不便于到处走动。

2）知道自己所浏览的网页的位置，这样就可以在同一层内自由移动。

3）同一层内的切换（横向切换）是否顺畅，是否可以从上层切换至下层。

4）上下层之间的切换（纵向切换）是否顺畅，如果在百货商店内迷路会怎么做呢？或者回到入门处，或者寻找指示牌，或者向店内人员询问。

5）可以随时回到主页。

6）可以随时访问网站地图。

7）可以在网站内搜索。

如果导航系统不方便,即使网站内容精彩,用户的浏览也将受到影响而最终选择退出放弃。所以,在制作网站时,不妨以百货商店为参照,把不让客户迷路、能够自由移动放在首位。在直接进入下层网页时,必须确认是否可以实现网站内的移动。

在考虑网站导航时,一定要确认"在直接进入下层网页时,是否可以实现网站内的顺畅移动"。来访者不一定都从主页开始浏览。由于搜索引擎的发达,直接进入下层网页的情况越来越多。如果有针对这类来访者的导航系统,将提高其浏览网站内相关内容的可能性。

最常见的失败案例是对广告印刷品的使用。经常有网站将这种广告印刷品原封不动地照搬到网站上。当然,如果从主页开始浏览这种广告也是可以的。但是,如果从广告直接进入网站,情形又如何呢?用户在就某种新产品进行搜索的时候,通过搜索引擎看到了广告的内容,被这一内容吸引来到了广告网页,可是看到的只是广告宣传页,而不是商品的详细信息。并且,在广告的网页上,也没有其他的相关链接导航,浏览者只能放弃浏览。这种情形是非常令人惋惜的。因此,必须确认在直接进入下层网页时,是否可以实现网站内的自由切换和移动。在设计网站导航系统时还要注意以下的问题。

1)网站界面设计人员错误地认为浏览者会和他们一样熟悉网站结构。

2)网站界面设计人员总以为浏览者会从网站主页进入其他页面,于是只在主页设置了导航说明。事实上,只有大约50%的浏览者是由主页进入其他网页的。

3)网站界面设计人员错误地认为浏览者也是行家里手,应该能看懂他们的导航说明。

4)网站界面设计人员错误地认为浏览者会非常欣赏他们的网站,会看所有的网页信息。

所以在具体的设计导航系统时尽量遵守以下的原则。

1. 超链接颜色与单纯叙述文字的颜色分开呈现

WWW的语言HTML允许网站设计者特别标明单纯叙述文字与超链接的颜色,以便丰富网页的色彩呈现。如果网站充满知识性的信息,欲传达给访问者,建议将网页内的文字与超链接颜色,设计成较干净素雅的色调,会较有利于阅读:纯粹的叙述文字采用较暗、较深的颜色来呈现(如:黑色、墨绿色、暗褐色),超链接文字则以较鲜明抢眼的色彩来强调(如:亮黄色、翠绿色、鲜橘色),至于探访过的超链接则采用较低于原超链接亮度的颜色呈现。

2. 测试所有的超链接与导航按钮的真实可行性

网站制作完成之后,第一件该做的事,是逐一测试每一页的每一个超链接与每一个导航按钮的真实可行性。彻底检验有没有失败的链接无法连结到该链接的网页。这是一个负责任、够水准的网站设计者对自己的作品应有的基本品质要求。

3. 让超链接的字串长短适中且表达自然

抓住能传达主要信息的字眼当做超链接的锚点,可有效地控制住超链接的字串长度,避免字串过长(如:整行、整句都是锚点字串)或过短(如:仅一个字当做锚点),而不利于读者的阅读或点取。

4. 当导航按钮链接到目前页时的处理

各网页若重复使用同一组的导航按钮,无可避免地会产生某一导航按钮链接到目前此页的情形。为达成界面设计的一致性,并没有绝对的必要删掉此导航按钮,但网页设计者可让此按钮不再具有超链接的功能;或将此按钮的彩度、亮度降低(如:深绿色变成淡绿色,亮红色变成暗红色），使读者可清楚地意识到：这个暗下来的导航按钮不再具有超链接的功能。

5. 在具有前后连续顺序的文件里提供必要的链接

将篇幅过长的文件分割成数篇较小的网页大大地增加了界面的亲和性，但在导航按钮与超链接的配置上，网页设计者则要更细心、周全地安排，使得读者不论身处网站的哪一层，依然能够快速、便捷地通往其他任何一个页面。网页设计者应特别注意以下几点。

1）提供“上一页”、“下一页”、“回子目录页”与“回首页”的导航按钮或使超链接在一系列具有前后连续顺序的文件里，可使读者能够立即得知自己所在的页面是属于一份较大文件的一小部分。

2）简明扼要地标明此页、上一页与下一页文件的标题或内容梗概。

在一系列具有前后连续顺序的文件里，每篇网页都应加上一个具有说明性的标题，使读者一目了然，马上抓住这一页的重点。而完善的导航系统除了提供“上一页”、“下一页”的导航按钮或超链接外，更要添加简明达意的上一页与下一页标题、内容提要，使读者即使尚未点击这些网页，也能大致了解自己将链接到什么样的网页。

3）提醒读者某一系列文件已到尽头。

当读者已到达某一系列文件的最后一页时，网页设计者应提供一小段告示提醒读者，同时不再提供“下一页”的导航按钮或超链接。但基于网页界面设计的一致性，或许有些网页设计者并不希望在同一系列的最后一篇网页里忽然少了一个先前每页都有的“下一页”导航按钮（尤其是精心设计过的图形化导航按钮）。为此，可考虑将最后一页的“下一页”导航按钮颜色暗沉下来，且不赋予超链接的功能，并提供一小段告示提醒读者，此系列文件已到尽头，不再有“下一页”的内容。

6. 在较长的网页内提供目录表与大标题

理想的网页长度以不超过三、四个屏幕页面为佳。但是如果基于某些特殊理由，使网页一定要做得很长，那么不要忘了在此长篇的网页最上头，提供一个目录表，网页的内容也标上大小标题，以利清楚阅读。尤其重要的是，在这些标题与目录表的目录里分别设置锚点，并链接到锚点，以使网页真正发扬 WWW 的高互动性、高便捷性功能。

7. 暂时不提供超链接到尚未完成的网页

超链接或导航按钮应该引导读者到一篇真正“有料”的网页，而不是以“挂羊头卖狗肉”的方式，事先将某一超链接描述得超级精彩、超级诱人，结果读者兴致勃勃地链接过去，却根本看不到任何精彩、诱人的内容，唯一所见的，只是一张无聊的告示牌——“施工中”。

如果急欲在网络上推出网站、展现主页，但仍有少数几页网页尚未完成，建议先暂时别让这些“施工中”的网页正式露面。即先暂时别让这些链往“施工中”的网页的“超链接”拥有真正的超链接功能。等到“几乎”完工之后（网页永远没有“真正”完工之时，总是需要不断地修改、增添、翻新），再正式开放链接也不迟。

倘若急欲告诉读者，即将提供一页超级精彩、超级诱人的网页，只是目前仍在努力赶制中，可直接写一段告示在即将是“超链接”的文字旁（但目前仍不具超链接的功能），明白昭示世人，以节省读者徒然点取、徒然往返的时间，也免得读者满怀希望，却又落得失望而归。

8. 不要在一篇短文里提供太多的链接

适当、有效率地使用超链接，是一个优良的导航系统不可或缺的条件之一。但过份滥用超链接，造成短短的一篇文章里处处是链接，反而损害了网页行文的流畅与可亲性。在充斥着超链接的短文里，很可能其中不少是无意义、没必要的链接。例如：链接到一页只有两三行注解的链接、链接到一页只放了“施工中”的招牌的链接。在一篇长短适中的网页里(三、四个屏幕页面)，文章里提供的文字式的超链接最好不要超过10个，以使全页行文能够顺畅，而读者也不至于眼见一大堆超链接，反而不知从何处点取才好。况且，连续、肩并肩地出现两三个文字式的超链接，很容易被误认为只是一个长度较长的超链接，于是被读者忽略掉，便也失去了这些超链接的原本功能。

总之，为何要设置导航系统、导航系统中放置哪些内容、安排在什么位置，是否便于操作等一系列问题，都是在网站导航设计中必须考虑的问题。

5.1.3 设计形式

一个网站导航系统形式的实现方法有许多种，目前常用的方法有：

(1) 设置导航栏目

在每个页面上方、左侧或下端放置一个主栏目导航条，方便随时跳转到其他页面。

(2) 设置下拉菜单

如果一个大栏目下包含许多子栏目，可以采用此方法，如图5-2所示。

图5-2 下拉菜单的导航

(3) 设置网站地图

如果网站比较庞大，结构复杂，可以采用网站地图，如图5-3所示。

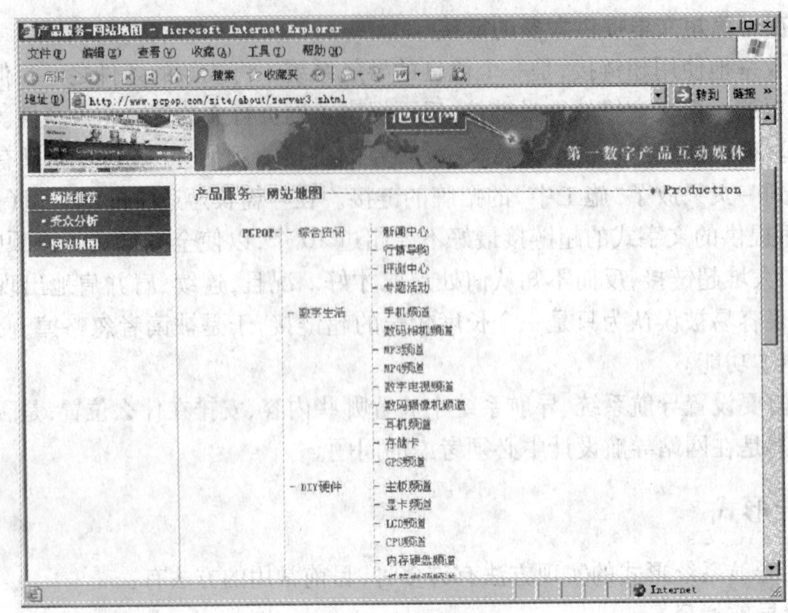

图 5-3　网站地图的导航

(4) 设置站内搜索

如果网站文字内容很多,可以考虑添加站内搜索功能,如图 5-4 所示。

图 5-4　站内搜索

(5) 显示所在位置

在各个栏目的主菜单下面设置一个辅助菜单来说明用户目前所在网页在网站中的位置。其表现形式比较简单,一般形式为:首页 > 一级栏目 > 二级栏目 > 三级栏目 > 内容页面。

5.2 导航系统设计

5.2.1 全局导航

1. 栏目导航

导航系统的确立首先是通过栏目的引导和呈现实现的。因为用户没有耐性花时间去学习网站的结构,因此栏目的设置不应该过多考虑网站经营者的思维方式和习惯,而应该更多考虑网站使用者、浏览者的思维方式,只有这样的全局导航结构才对用户真正有用。

在整个网站系统中,网站的栏目需要具有一致的使用和呈现方式,其中包括位置、色彩、形状和状态的表示。一般来讲,当前所属栏目在色彩和状态上和其他栏目有所区分,以帮助用户定位。此外,固定的页面名称、页面色彩和标识也是帮助用户定位的方式。可以通过路径来辅助确立导航和定位系统,可以在路径的有关层次结构上加入链接来实现导航的功能,如图5-5所示。

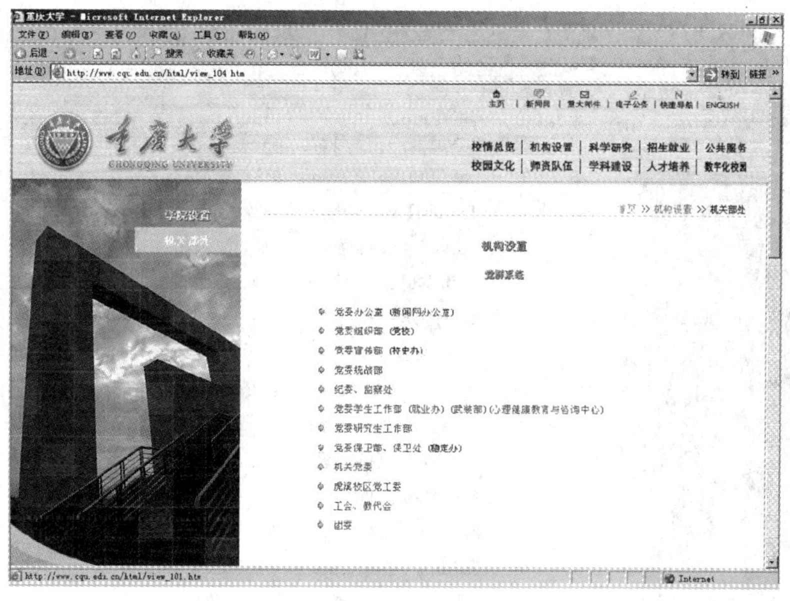

图5-5 页面导航

在设计栏目导航时要注意以下几点。

1) 降低层数:用户通常对网站缺乏整体的结构概念,当用户寻找时,一般是通过当前页面的链接引导来确定往哪里走可能最接近自己的目标,而不是根据脑海中对于网站结构的理解来进行逻辑判断。因此导航结构切忌重复罗列,要根据当前需要,对用户进行有目的的引导。横向栏目和功能导航最多不能超过三层,最好只有一层,更高层的链接放到页面头部或者尾部;更具体的划分放在页面内部,例如页面两侧。可以采用路径条来辅助定位,路径条能够将当前内容的上层关系逐层显示出来,易于用户跳转和使用,例如:首页 > 体育 > NBA。

2) 就近原则:越靠近页面的导航越和页面的内容和操作直接相关。

3）定位原则：导航条中，当前对象的呈现要与其他对象有所区别，让用户第一眼就知道自己目前是在哪里。

4）重复原则：重要功能操作，例如转移、删除、更新、发送等，如果页面长度可能达到两屏，需要在页面下方重复。

2. 页面导航

根据兴趣点组织的相关内容也是引导流向的好方法，常用的有以下几种。

1）相关板块：将相关信息内容分类组织成小板块呈现出来，这种方法是否有效取决于所选取内容的相关度有多大。

2）相关新闻：将关键字相关的新闻标题直接呈现出来。

3）嵌入关键字：内容中符合标准的关键字加上链接，用户可以直接点击进入相关新闻。

4）相关评论和发表评论区等。

3. 窗口导航

网站的每一步反应都是通过下载一个页面来实现的，网站对一个页面的下载有 3 种基本的实现方式：刷新本屏窗口、弹出一个新窗口以及框架的内部替换，如图 5-6 所示。

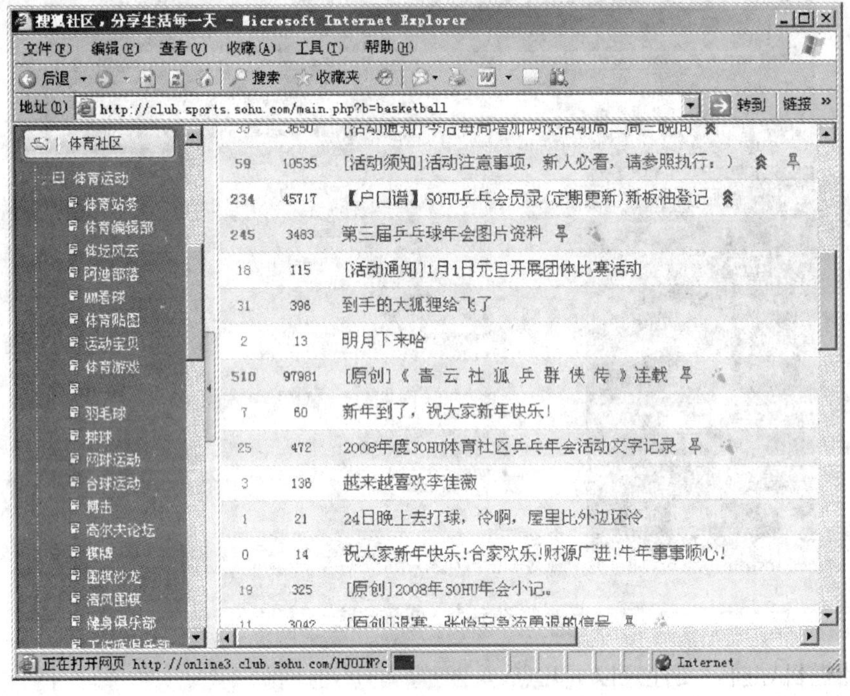

图 5-6　窗口导航方式

跳出新窗口的方式产生于传统的软件界面，在软件中，一个新的操作通常是弹出一个新的弹出窗口，但是传统软件的弹出窗口一般和原来的窗口有一定的位移，也不大可能用全屏显示并呈现得非常明确，同时在操作完成时，窗口自动关闭。但网站的弹出窗口，首先从窗口大小上经常无法和刷新本屏有明显区分，会使屏幕混乱；其次给网站的导航和定位带来麻烦（有些用户习惯使用浏览器的后退按钮作为一种导航方式，这时他们会非常反感弹出新窗口）；第三网站上的弹出窗品不能自动关闭，造成使用上的麻烦。

但是全都采用刷新本屏窗口也有缺点：当用户需要从一个页面浏览多条信息的时候，不得不反复下载那个页面，尽管浏览器有记忆的功能可以提高第二次下载的速度，但还是比较麻烦。

一般的原则是在尽量减少窗口数量的情况下，为用户提供更多的方便。到底采用哪种方式不能一概而论，需要根据不同页面的功能来定。多数情况下，这样两种类型的页面可以考虑使用弹出窗口：一是链接进入其他网站；二是链接进入最终页面（即页面主要目的是让用户看信息，而不是引导用户继续浏览），最终页面尽量减少不必要的链接，并且提示用户关闭此窗口。

还有一种窗口并置的方式，这是通过在网页中增加框架来实现的。它的优势是可以很方便地在窗口之间打开页面，缺点是视觉呈现方式受影响，窗口大小也受限制，同时用户有时无法预测当他点击链接时，屏幕的哪一部分应该发生变化，从而影响了判断力。

国外网站基本采取刷屏方式，国内网站弹出窗口使用频率多一些。窗口方式的不一样，也会影响结构和导航方式。

5.2.2 局部导航

1. 关键页面的导航

网站有一种非常重要但经常被忽略的导航方式：关键页面的导航。网站首页一般都不能显示全文，而只是显示文章的标题或导言，需要用户进一步点击，点击后进入的页面就是关键页面，它通常具有较高的浏览量，是用户集中的地方，仅次于首页或者二级栏目首页。关键页面应该怎样设计？这需要根据网站的整体需要进行系统分析，如果网站是以发布信息为主，首页可以呈现绝大部分标题，从首页标题可以直接进入文章最终页面，这种导航方式快速直接，强化了用户对首页的依赖性；如果网站有许多内容，首页不可能充分展示，那么关键页面的运作就非常重要，这时的关键页面通常就是二级栏目首页，或者是对内容进行了深度整合的专题页。

关键导航页面的设计有以下几个要点。

1）关键页面本身需要有较大的访问量，因此一般在首页重点推荐。

2）关键页面的主题和主要内容需要和用户预期一致。

3）关键页面是信息整合页，要将相关内容的信息尽量全面、深入、细化地整合在一起。

2. 分类目录和列表

分类的标题链接索引（分类目录）是一种通用导航方式，它有些像书的目录，能够将内容整体全面呈现在用户面前，分类目录和列表的设计一般需要注意以下几点。

1）分类列表一般比较细致清晰，但通常较长而容易没有重点，特别要注意设计上的区分和节奏。

2）如果有子分类，尽可能强调对子分类的引导。一般情况下，50 条信息以下，不提倡再进行子分类，以免增加用户查找的难度。

3）控制列表的长度，可以采用“更多”等链接隐藏过多的内容。一般情况下，超过 20 ~ 50 条信息时，建议采用“下一页”来呈现。可以让用户按一定的规则对列表进行排序来方便查找信息，如图 5-7 所示。

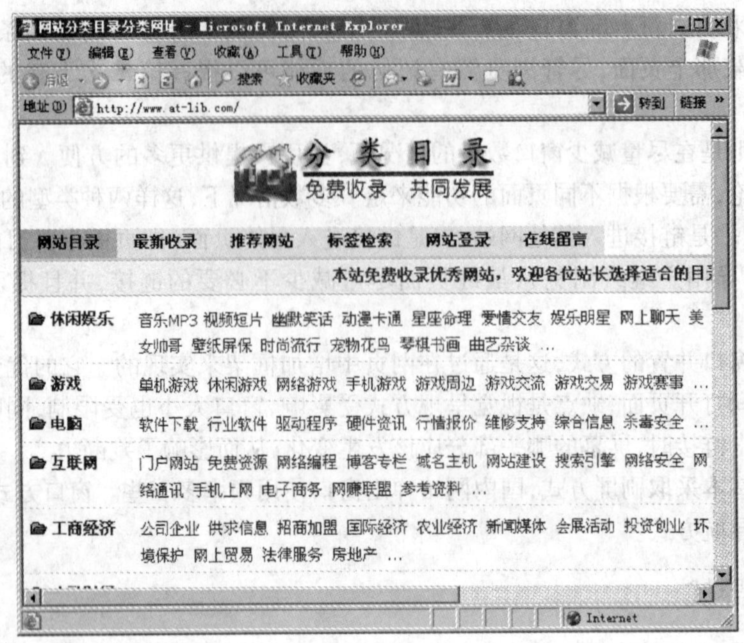

图 5-7　分类目录和列表导航

3. 搜索框的导航

对于新用户或者以浏览(无特定目的,随便看看)为目的的用户,分类列表是常用的导航方式;但对于以查找特定信息为目的的用户,搜索框是更为直接有效的方式。一般需要在搜索框附近明确搜索范围,以便让用户产生正确的预期,如图 5-8 所示。

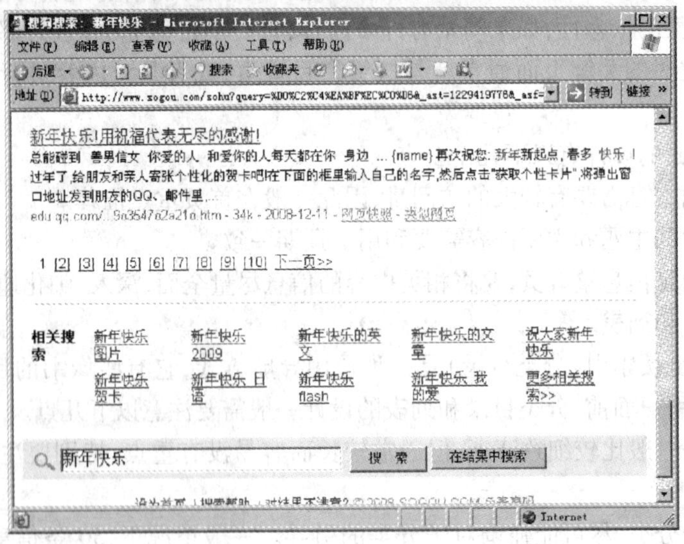

图 5-8　搜索框的导航

4. 用户帮助

用户帮助是导航设计的重要组成部分。它包括站点的导航、答疑、帮助系统和页面内的帮助。对用户来讲,好的帮助信息是非常重要的,它可以帮助用户尽快找到答案。但很多用户并不是很愿意和有耐心去阅读包括帮助在内的在线文档,因此在设计用户帮助系统时应该注意以下几点。

1）需要让帮助信息直接出现在用户需要的页面上。

2）必须简洁。

3）帮助信息需要形象化,最后具有大量的图例。

4）可以使用常见问题解答(FAQ),一般来讲,用户的绝大部分困惑是相同的,也就是说,有20%的问题是80%的用户会遇到的,将这些最常用的问题综合在一起,并提供链接,如图5-9所示。

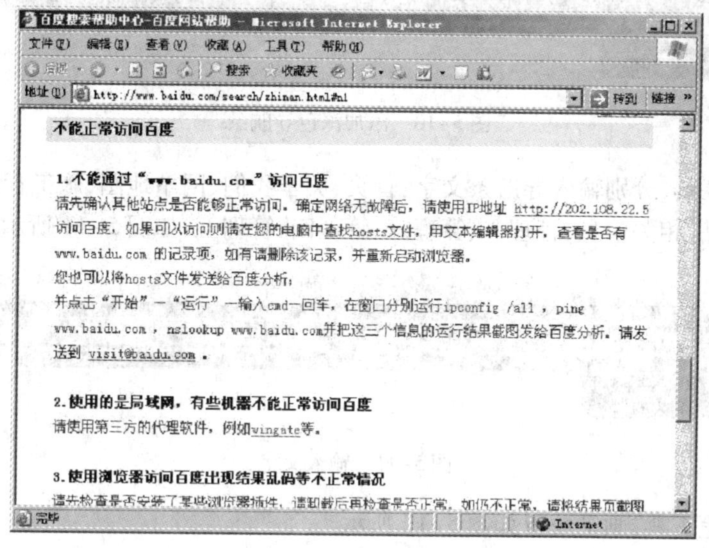

图5-9　百度的帮助页面

5）应该面向任务具体解决问题,而跳过背景信息。但也应该提供简短的概念,可以使用超链接解释专业性词汇。

6）帮助信息较多的情况下,可以使用搜索。

5. 其他导航方式

1）HTML文件中对于标题以及图片名称的设定也是一种辅助的导航形式,标题在页面打开时,会呈现在页面的上方,在页面最小化时会出现在下面的窗口标记中,在页面被其他页面所替换时,还会出现在浏览器的历史记录中,最后,页面标题的注解经常成为其他搜索引擎关键字所关注的区域。

2）用户通常从网站上的导航来返回首页,也有从浏览器的主页设置或重新输入主页地址来返回首页,多数用户习惯从浏览器的〈back〉键返回上页。

3）重要的导航信息应该在同一个屏幕中出现,否则会妨碍用户对网站内容的整体把握。

5.3　导航系统设计案例——四叶草公司网站导航设计

1. 案例效果

案例效果如图4-36所示。

2. 案例目标

本案例通过对四叶草数码公司导航条设计与制作,掌握公司网站导航条的设计方法和设计要素，并掌握相关软件的使用方法。

3. 操作步骤

1）网站的背景页面设计，参见第 4 章案例制作步骤，如图 4-37 ~ 图 4-41 所示。

2）矩形选框工具制作导航条，填充蓝色 RGB(0,58,106)，如图 5-10 所示。

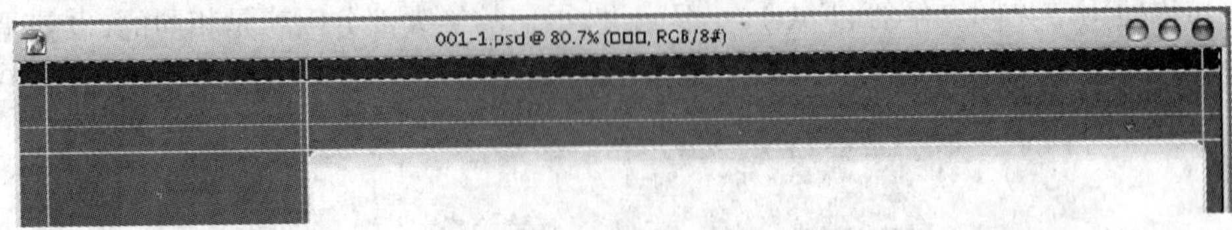

图 5-10 添加深色导航条

3）选择 T.工具，分别输入导航条文字：首页、关于我们、网站地图，施工管理、装修案例、网上订单、收藏本站、相关信息，管理二、管理三、管理四、管理五，如图 5-11 所示。

图 5-11 输入文字

4）选择铅笔工具，画笔设置如图 5-12 所示。

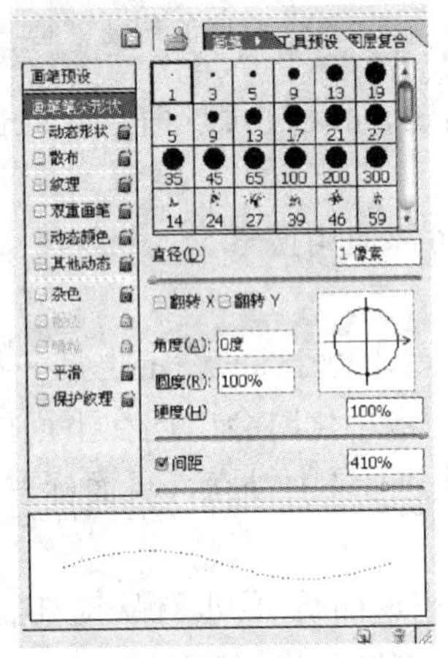

图 5-12 画笔设置

5）添加虚线分隔栏目文字，效果如图 5-13 所示。

图 5-13 添加虚线

6）制作导航互动按钮。新建图层命名为深色块 a，以文字为中心，设置参考线，如图 5-14 所示。

7）在参考线中间区域制作矩形，执行“选择”→“修改”→“平滑”，设置如图 5-15 所示。

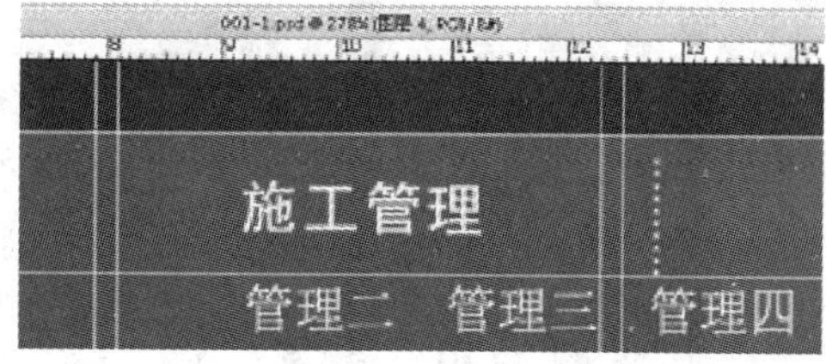

图 5-14 设置参考线

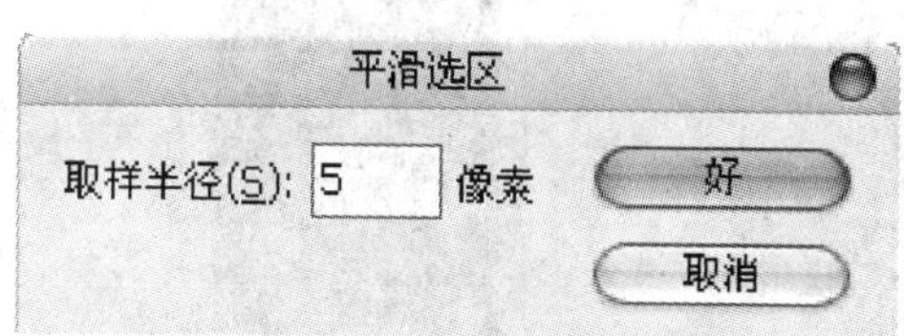

图 5-15 平滑参数

8）填充矩形效果如图 5-16 所示。

9）新建图层命名为深色块 b，制作矩形并填充，如图 5 - 17 所示。

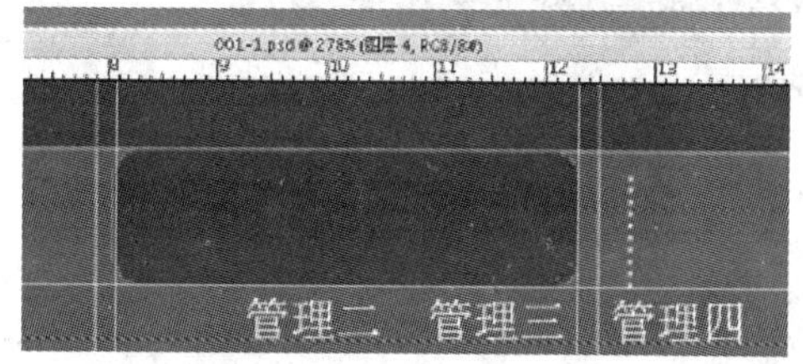

图 5-16 填充矩形效果

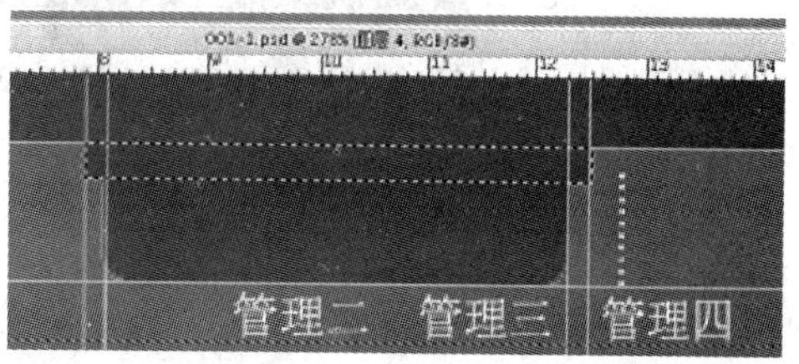

图 5-17 矩形选框

10）将“深色块 a”载入选区，向左平移至靠齐参考线，回到“深色块 b”图层，按〈Delete〉键删除选区内图形，如图 5-18 所示。

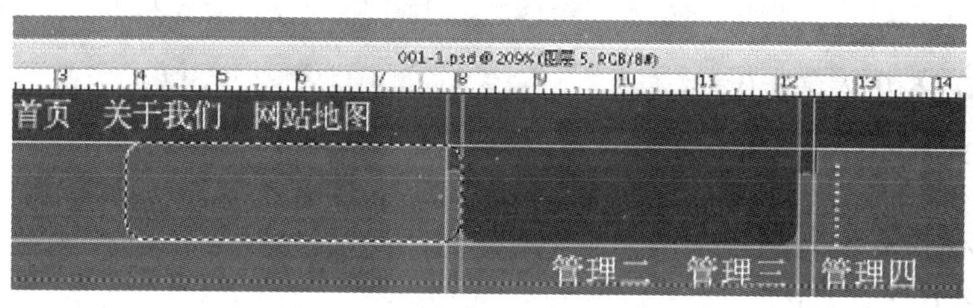

图 5-18 移动选框

11）同样的方法，向右移动选区，删除，合并图层“深色块 a”和“深色块 b”，效果如图 5-19 所示。

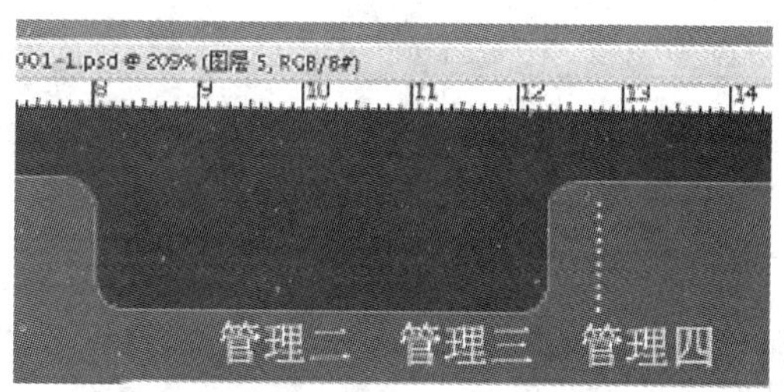

图 5-19 合并图层

12）调整图层顺序，最终效果如图 5-20 所示。

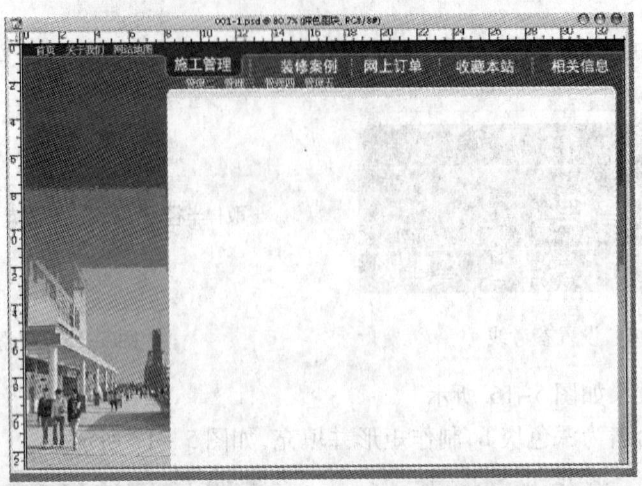

图 5-20　最终效果

5.4　实训

主题：为网站设计制作导航系统。

实训目的：

- 了解并掌握网站导航系统的制作过程和方法。

实训条件：

Windows 2000/2003/XP。

Dreamweaver 6.0/7.0/8.0。

CorelDRAW 9.0/11/12。

Photoshop 8.0。

Flash 6.0/7.0/8.0。

Fireworks 6.0/7.0/8.0。

实训内容：

- 综合网站界面中其他功能，制作简明实用的网站。
- 根据网站的内容，为网站制作各种导航。

5.5　习题

1. 简述网站导航系统的重要性。
2. 设计网站导航系统应该注意些什么？
3. 如何设计网站导航系统？
4. 设置网站导航系统有哪些方法？

第6章 网站界面中其他功能的设计

本章要点

- 注册与登录框设计与制作
- 个人注册页面设计与制作
- 论坛页面设计与制作
- 互动设计的意义

人机交互性是界面的基本特征之一，而互动分享又是网络最基本的特色，在设计中更好地体现互动性，能让用户更好地通过网络和他人无障碍地沟通，是网站界面设计成功的关键。

6.1 用户注册与登录

用户注册和登录是用户参与在线活动的第一个步骤，往往设计在主页醒目位置，采用按钮式设计，通过简单步骤完成操作。各种注册与登录页面，如图6-1～图6-4所示。

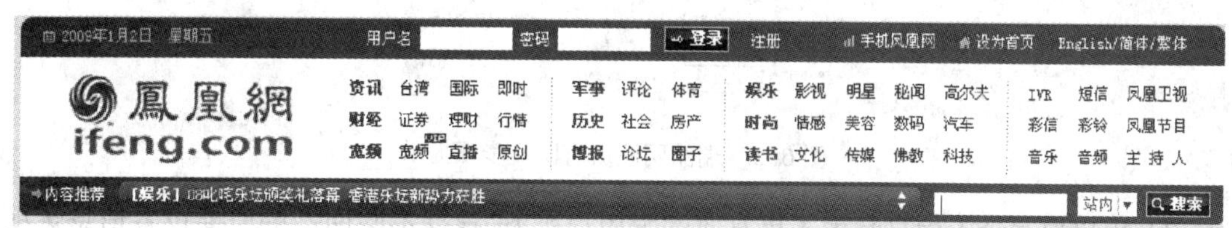

图6-1 凤凰网注册与登录

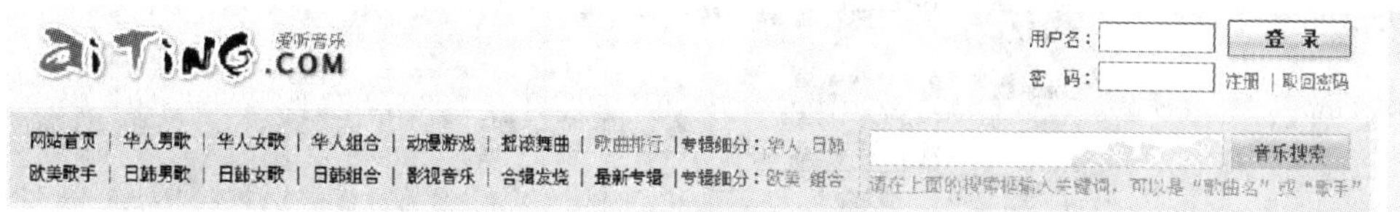

图6-2 爱听音乐网注册与登录

图6-3 游戏中国网注册与登录

图 6-4　摩卡庄园网注册与登录

6.1.1　个人注册页的界面设计

个人注册信息一般包括：用户名、密码、确认密码、密码查询问题、邮箱、性别、出生日期、地区、联系方式、验证码等。个人页面设置的项目不易过多，应尽量提供轻松的注册过程，以便用户尝试网站上更多的服务。

个人注册页的界面设计要点如下。

1）注册的链接一般在主页首要位置。

2）注册步骤尽量简单，以三步之内为宜。页面可提示步骤，显示当前处于哪一步，便于用户理解流程，如图 6-5 所示。

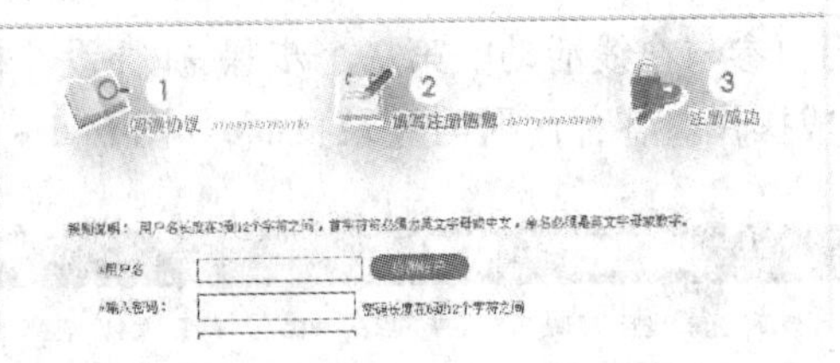

图 6-5　瑞丽网注册有明显步骤提示

3）用户填写个人信息是为了更有效的为用户服务，根据不同网站的需要设置信息选项，不宜过多，避免“刨根问底”，如图 6-6 所示。

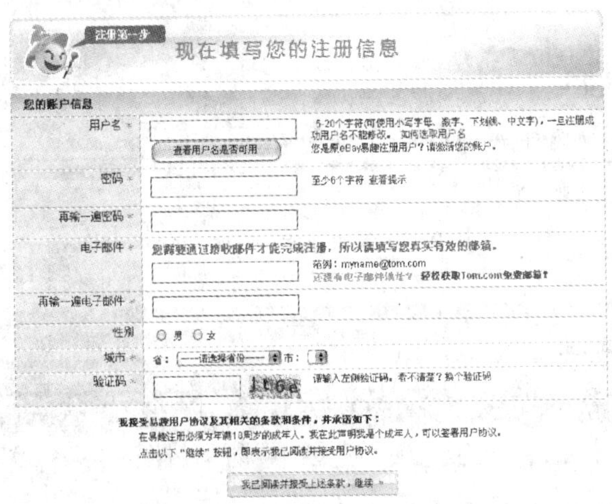

图 6-6　易趣个人信息页面

4）信息选项旁边需要加入填写内容的说明，引导用户填什么，怎样填。特别对于用户个人隐私，如姓名、电话、证件号码、住址的部分特别要说明其原由，如图 6-7 所示。

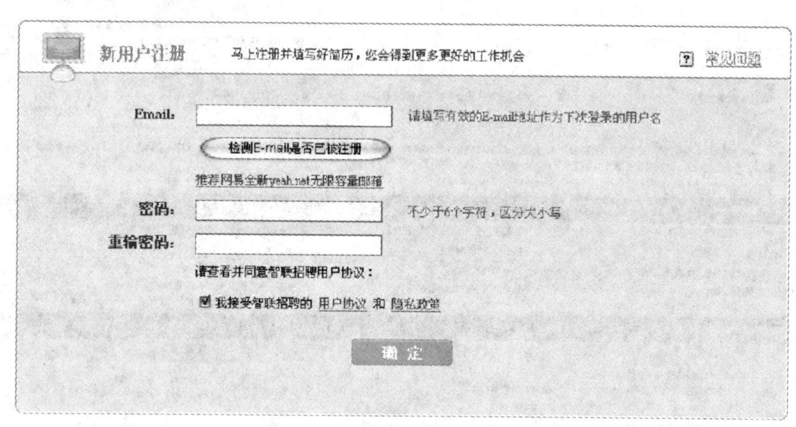

图 6-7　智联招聘网注册界面设置的简单问题

5）注册网页还有法律条款认可选项、验证码选项。设置验证码是为了防止恶意加大注册量，造成资源浪费。

6）流程步骤要有明显的“完成”、“提交”按钮，以提示用户完成操作。

6.1.2　登录框设计

登录框设计要点如下。

1）登录框设计一般要让用户填写用户名和密码，要留出空格让用户填写。

2）用户忘记密码是一种常见的情况，旁边通常要有“忘记密码”之类的链接，帮助用户找回密码。

3）登录区域附近需要有“注册”的链接，但在设计上要次于“登录”的视觉冲击力。

6.2　论坛

论坛一般以主题和话题为核心，用户可以自由地在论坛来发表自己的观点，或者对他人的观点作出回应，是网友进行沟通交流的平台，同时也是网站汇聚人气的重要手段之一。

6.2.1　论坛首页的界面设计

论坛首页的界面设计要点如下。

1）论坛界面设计需要有较好的传输性与较强的亲和力。

2）拟定相关主题，启发和引导用户之间的交流，对于不同主题要通过视觉手段进行明显的区分，便于用户选择。

3）论坛首页登录注册界面同样要放在醒目位置，一般网站都需要通过用户登录才能实现相互的交流。

4）显示在线人数、会员、发帖、回帖等统计数据，汇聚网络人气，如图 6-8、图 6-9 所示。

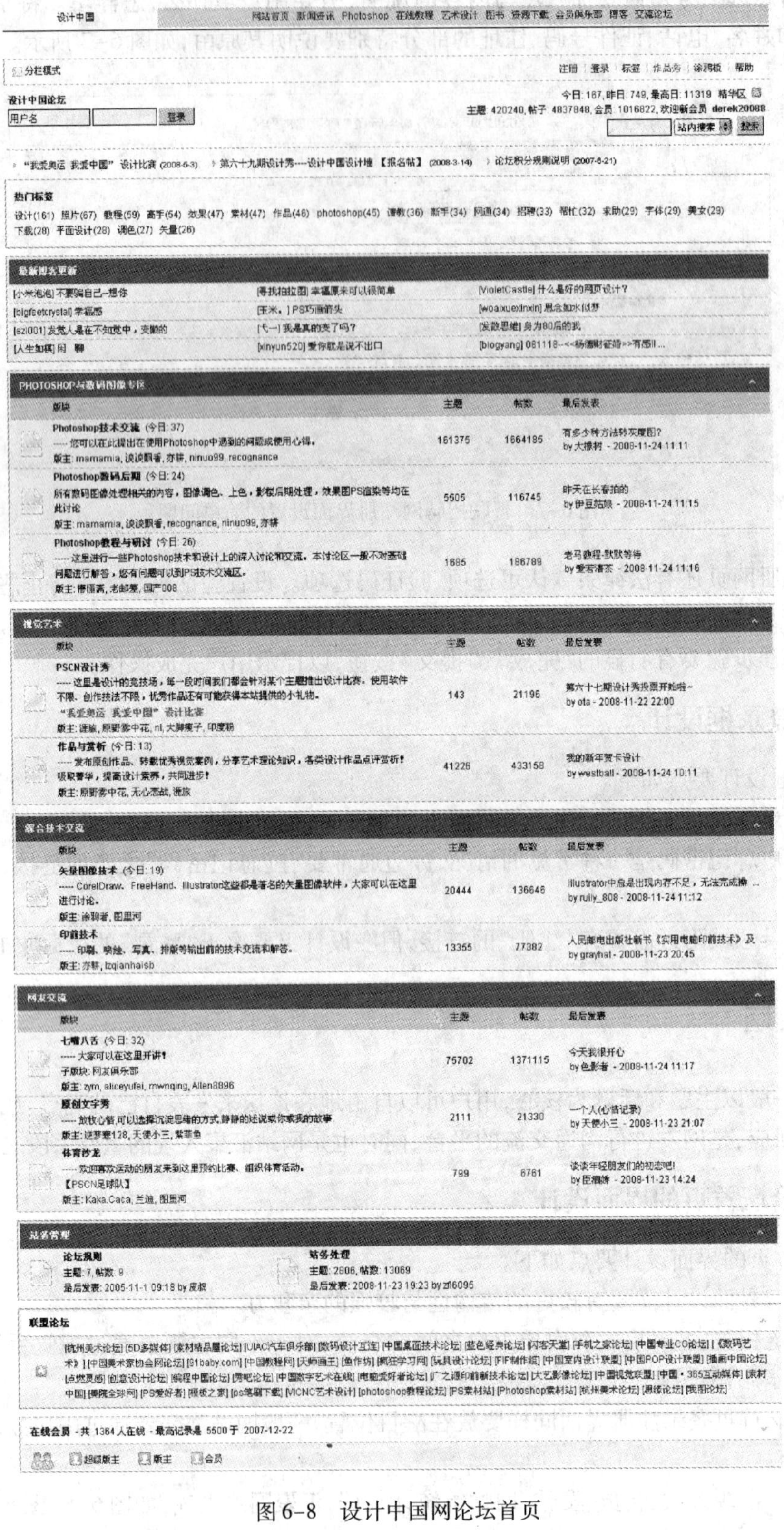

图 6-8　设计中国网论坛首页

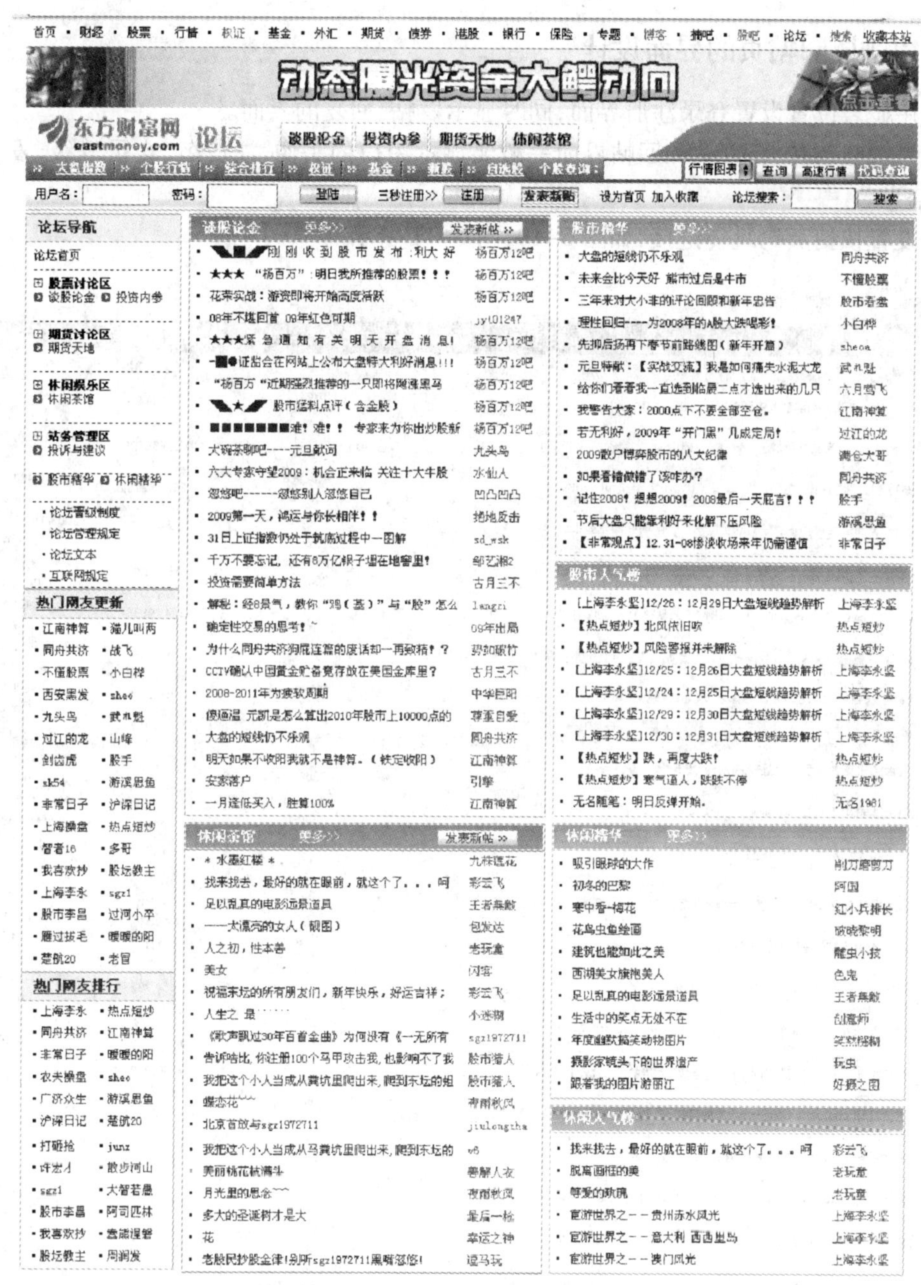

图 6-9　东方财富网论坛首页

6.2.2　主题帖子的界面设计

1）主题帖子一般比较多，要有秩序、有条理的罗列出来。

2）显示作者、贴数、最后发表时间、版主等信息供用户参考。

3）在显著位置设置登录注册界面。

4）设置搜索界面，便于查找主题帖子或作者，设置快捷页码跳转链接。

6.2.3 发帖、回帖页的界面设计

1）在显著位置设置登录注册界面，同时显示发帖、回复的界面。

2）为增强亲和力，发帖和回帖界面一般要显示用户的头像、注册名、会员等级、发帖时间等个人信息。

3）设置快捷页码跳转链接，如图 6-10、图 6-11 所示。

图 6-10 设计中国网论坛主题帖子界面

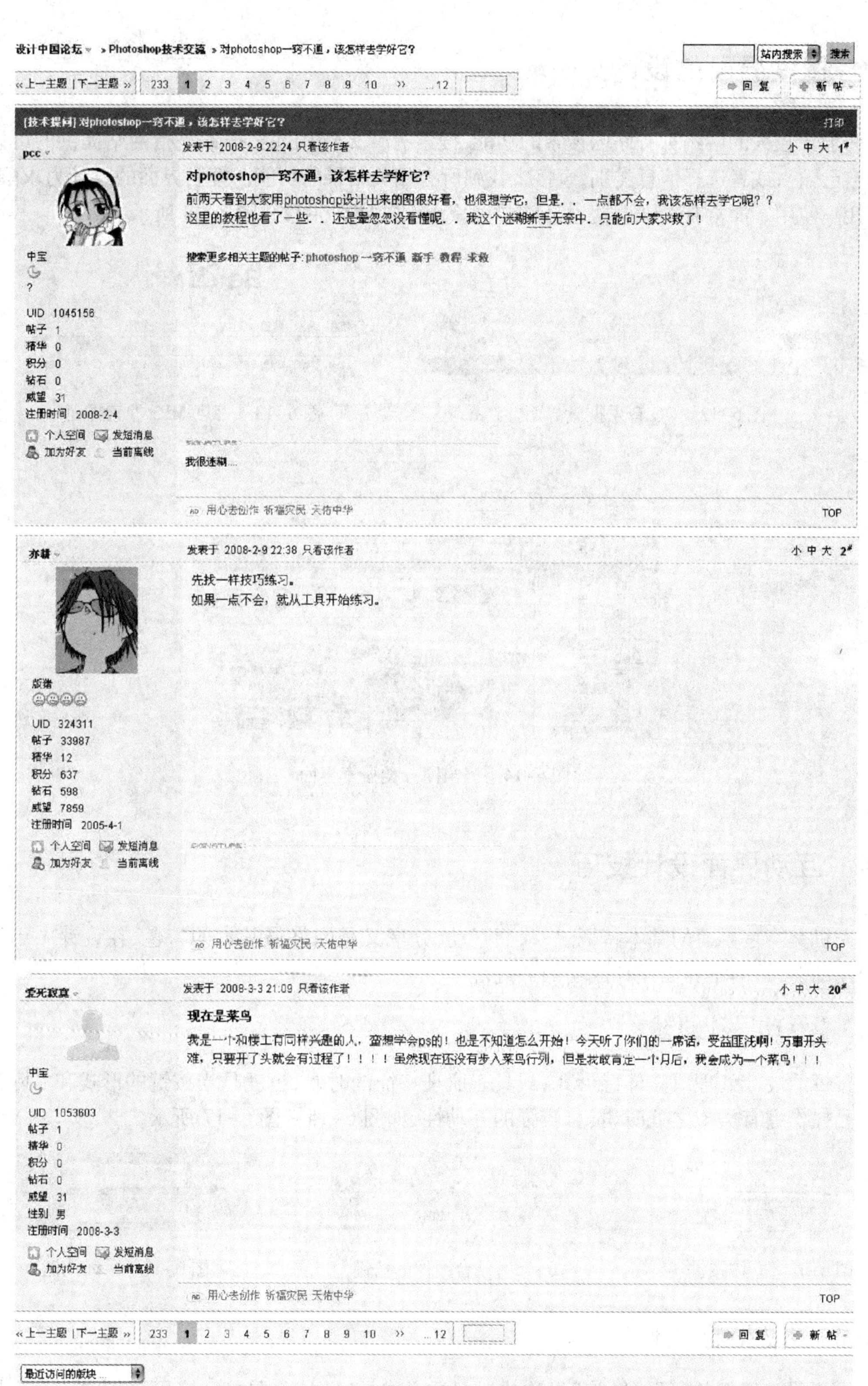

图 6-11　设计中国网论坛发帖、回帖界面

6.3 搜索界面的设计

一般比较大的网站都有站内搜索的功能，搜索有什么作用呢？搜索是指网站提供的可以由用户自己输入或者选择信息类别，直接查找到所有相关结果的功能。搜索界面的设计力求醒目，方便用户使用。通常有关键词搜索、分类搜索等形式，如图 6–12 ~ 图 6–14 所示。

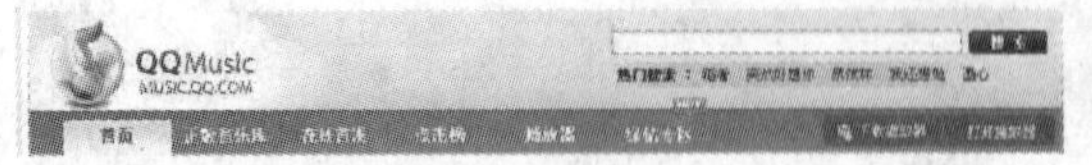

图 6–12　QQ 音乐搜索界面

图 6–13　百度 MP3 搜索界面

图 6–14　当当网分类搜索界面

6.4 互动界面设计技巧

人机交换是界面的基本特征之一，而互动、分享又是网络最基本的特色，在设计中更好地体现互动性，是网站界面设计成功的关键。

6.4.1 互动设计的键

按键的设计处理成立体感形式，或具有肌理特征的时候，也就是当按键的形式和实际使用的产品操作键有类似之处时，具有较强的互动性，如图 6–15 ~ 图 6–17 所示。

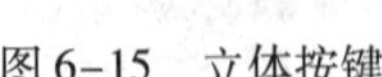

图 6–15　立体按键

图 6–16　结合图像的按键

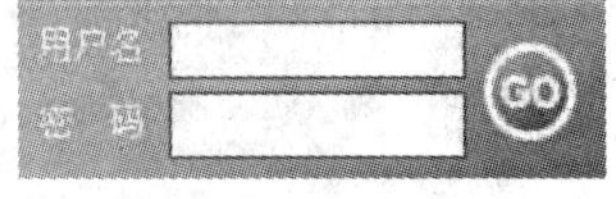

图 6–17　平面按键

6.4.2 超链接的设计

网页设计里面的"超级链接"简称或者习惯说成是"链接"，是指一个网页指向一个目标的连接关系，这个目标可以是另一个网页，也可以是相同网页上的不同位置，还可以是一个图片，一个电子邮件地址，一个文件，甚至是一个应用程序。而在一个网页中用来超链接的对象，可以是一段文本或者是一个图片。当浏览者单击已经链接的文字或图片后，链接目标将显示在浏览器上，并且根据目标的类型来打开或运行。

根据链接载体的特点，一般把链接分为文本链接、图像链接、图片加文字链接三大类。

1）文本链接：用文本作链接载体，简单实用。一般蓝色文字、划线文字、加粗字体是链接的标志，用户会通过鼠标变成小手来明确链接的存在，如图 6-18、图 6-19 所示。

汽车 | 汽车•社区 | 房产

燃油税等多项新规昨日起施行

- [新闻] 中石化发狠！油价再降 跌回"4"时代
- [购车] 年末优惠增加 本周降价最疯狂的10款车
- [新车] 售8.28-9.98万 长安铃木推双色版雨燕
- [社区] 壮观！数百台沃尔沃与宝马神秘沉没
- [社区] 横扫迪拜 绝对是名车的天堂

0.5亿元天价跑车惊现北京

图 6-18　文字无下划线的链接

新闻 | 视频新闻 | 北京时间：2009.1.2

- 北京铁路提前10天进入春运 广州今起可电话订火车票
- 岛内舆论：胡锦涛对台讲话展现前所未有思维

  盘点动画：横竖撇捺 国内 国际 社会 娱乐 汉语盘点

  元旦演出信息汇总 焦点赛事 出行攻略 天气预报
- 安理会未通过谴责以色列决议 以军地面部队继续集结
- 索马里海盗活动减少 媒体称北约将监视中国海军舰队

图 6-19　文字有下划线的链接

2）图像链接：用图像作为链接载体能使网页美观、生动活泼，它既可以指向单个的链接，也可以根据图像不同的区域建立多个链接，如图 6-20 所示。

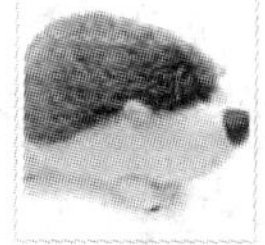

图 6-20　图像的链接

3）图片加文字链接：图片生动、文字实用，使用图片加文字链接会有较好的效果，特别是用户在快速浏览网页查找信息的时候，如图 6-21 ~ 图 6-23 所示。

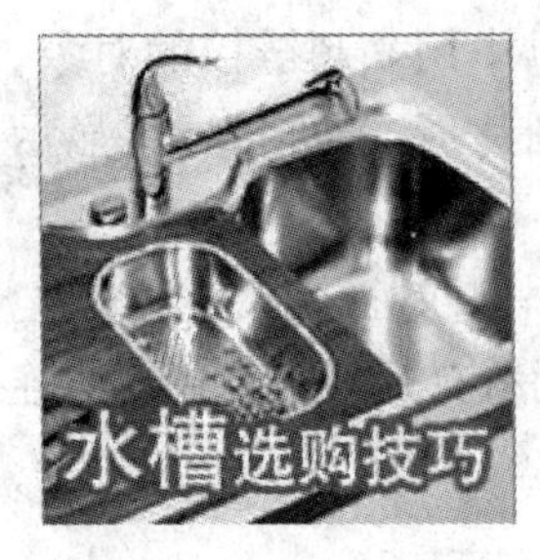

图 6-21　图片叠加文字的链接

图 6-22　图片结合文字的链接(一)

图 6-23　图片结合文字的链接(二)

6.4.3　箭头的设计

箭头有很强的点击感和互动性,是提高互动性的一种有效手段,如图 6-24 所示。

图 6-24　箭头的设计

6.5　后台管理系统的界面设计

后台管理系统是网站所有者利用计算机对电子商务网站各种功能进行管理、控制的系统。由于网站服务器、数据库服务器多数情况下不在"本地",所以后台管理系统通常执行的是远程控制管理。后台管理系统的界面是为网站的管理者设计制作的一个综合信息管理系统的界面,这样的系统界面设计只要功能合理、界面统一清新就基本满足用户的需求了,如图 6-25、图 6-26 所示。

图 6-25　后台管理系统界面设计(一)

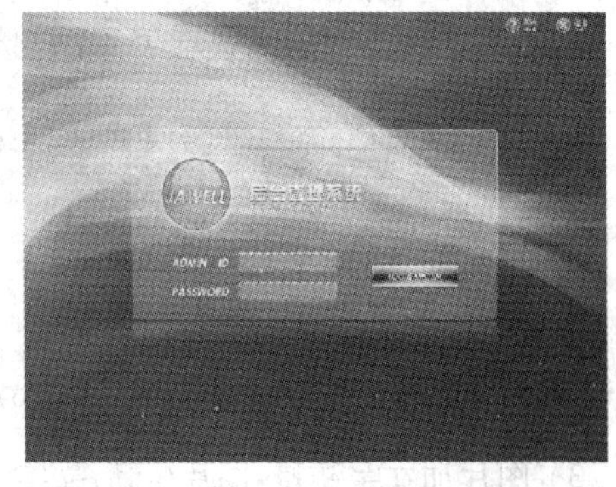

图 6-26　后台管理系统界面设计(二)

6.6 综合案例——四叶草网站界面中其他功能的设计与制作

1. 案例效果

本案例展示的是四叶草网站中其他功能界面的设计，包括用户注册与登录、论坛首页、论坛主题页面、发（回）帖页面的设计。所有设计都围绕同一风格，蓝色调背景页面，简洁的版式编排，展现“数码设计”特点，效果如图 6-27 ~ 图 6-32 所示。

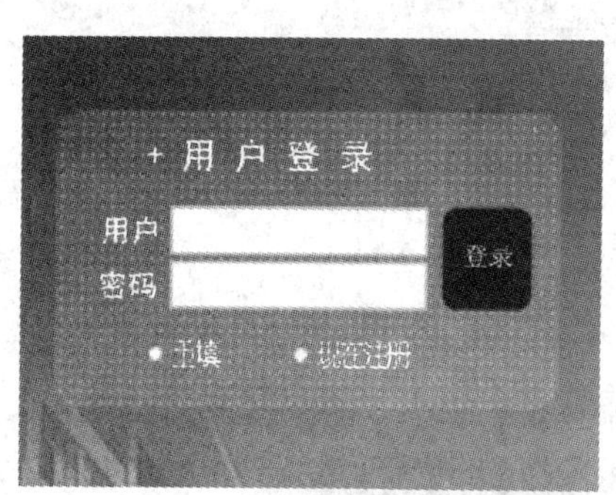

图 6-27　登录框设计与制作效果

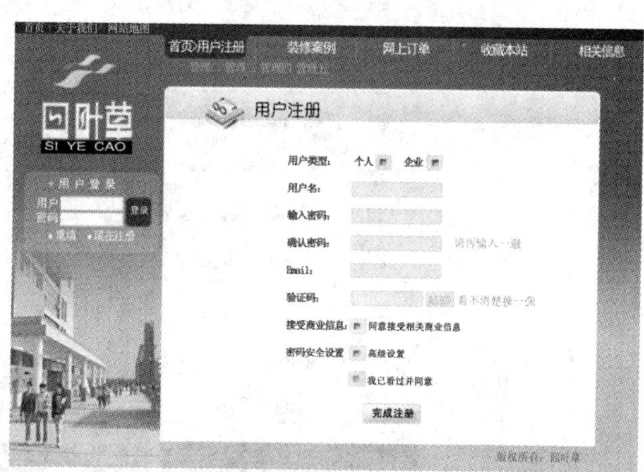

图 6-28　个人信息页面设计与制作效果

图 6-29　论坛首页设计与制作效果

图 6-30　主题帖子页面设计与制作效果

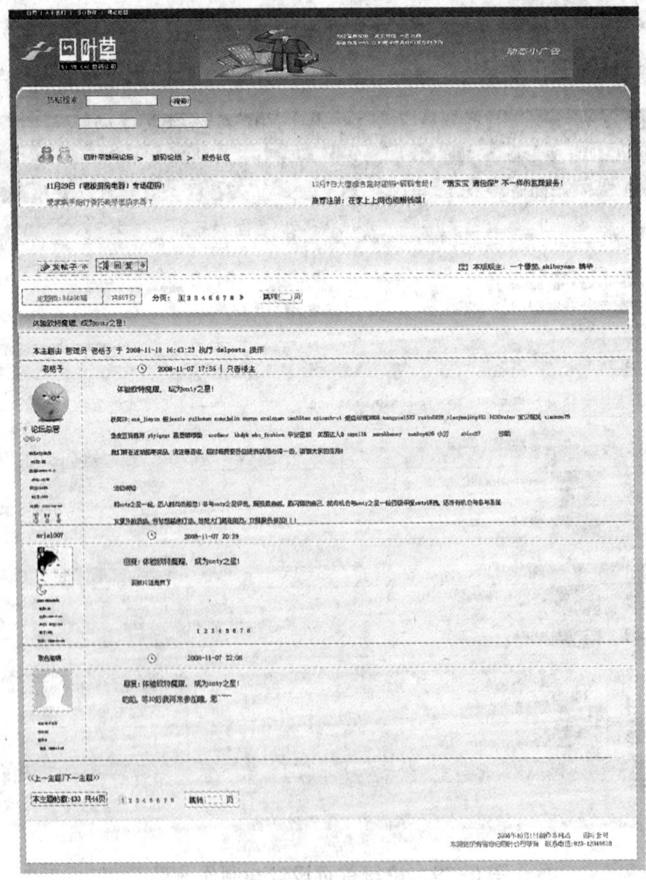

图 6-31　论坛发帖、回帖页面设计与制作效果

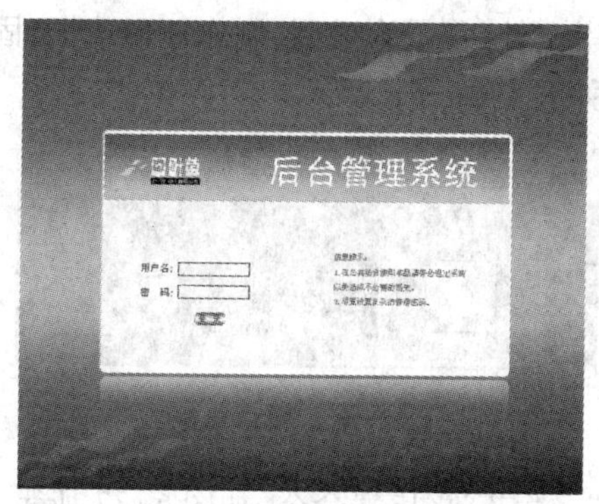

图 6-32　后台界面设计与制作效果

2. 案例目标

本案例制作其他功能界面，是向读者全面介绍网站界面设计的一个部分，主要目的是详细介绍相关的制作和技巧。首先要规划好整体的设计风格，包括色调、版式、文字等，针对不同界面，功能有所区分，在保持原有风格的基础上，进行适当的调整。当然“功能”是最为关键的设计，应体现可使用性、互动性的原则。

3. 制作步骤

(1) 登录框设计与制作

1) 在网站首页，选择 Logo 下方醒目位置制作登录框。

- 制作登录框背景。新建图层 1，创建矩形选框，“200 × 115”像素，如图 6-33 所示。
- 执行“选择”→“修改”→“平滑”命令，参数如图 6-34 所示。

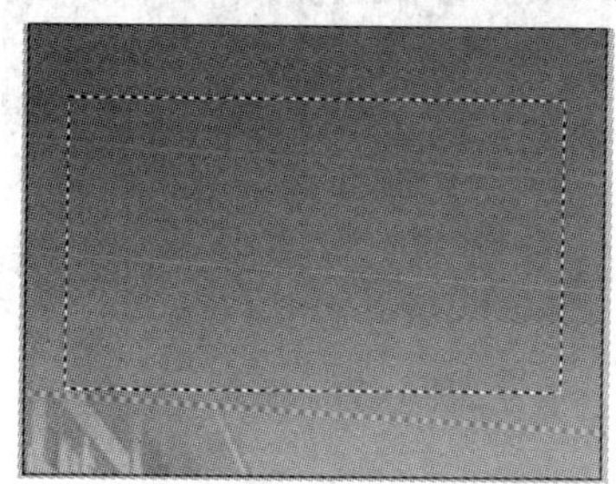

图 6-33　矩形选框

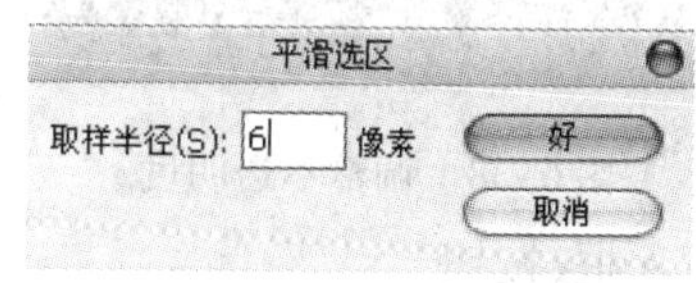

图 6-34　平滑参数

- 矩形框内填充白色，图层不透明度调整为 15%，如图 6-35 所示。

图 6-35　调整图层透明度

● 新建大小为“3 ×3”像素文件，背景为透明，制作矩形选框，固定大小“1 ×1”像素，居中，填充白色，如图 6-36 所示。

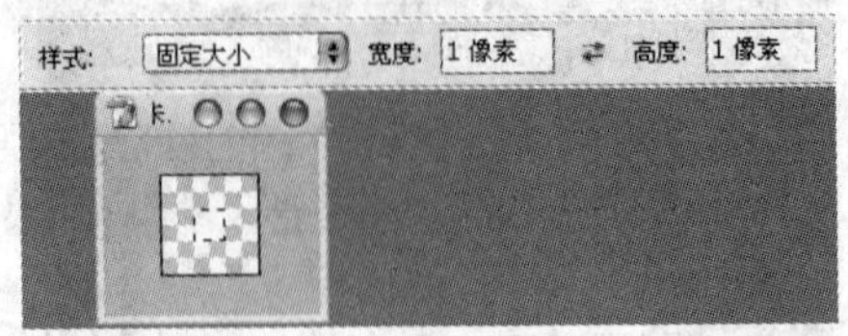

图 6-36　创建矩形

● 取消选框，执行“编辑”→“定义图案”命令，如图 6-37 所示。

图 6-37　定义图案

● 新建图层 2，将图层 1 载入选区，回到图层 2，填充图案 1，不透明度为 15%，如图 6-38 所示。

2）输入文字。

● 输入相应文字及符号，如图 6-39 所示。

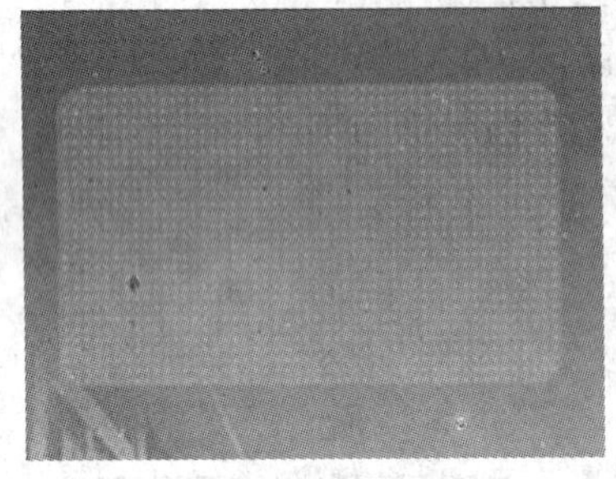

图 6-38　调整不透明度

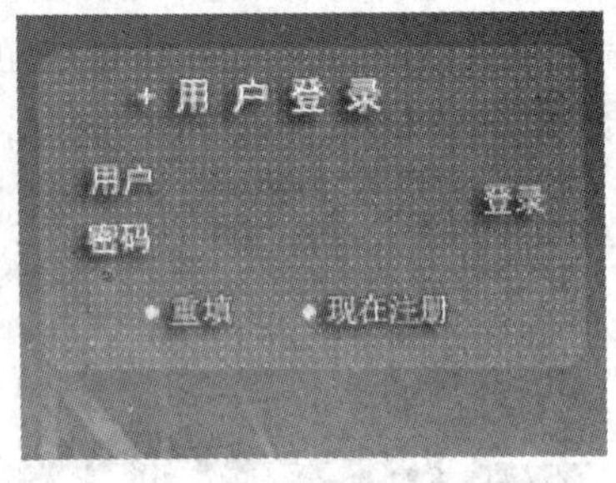

图 6-39　输入文字

3）添加输入框、按钮。

● 新建图层 3，创建矩形选框，大小“105 ×20”像素，填充白色，如图 6-40 所示。

● 保持选框，执行“编辑”→“描边”，参数如图 6-41 所示。

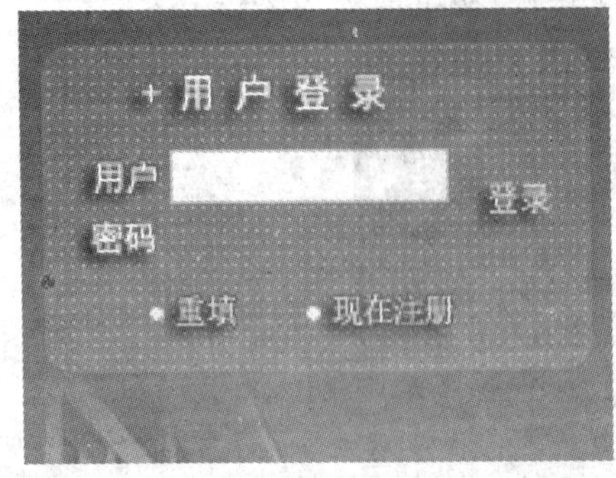

图 6-40　白色矩形框

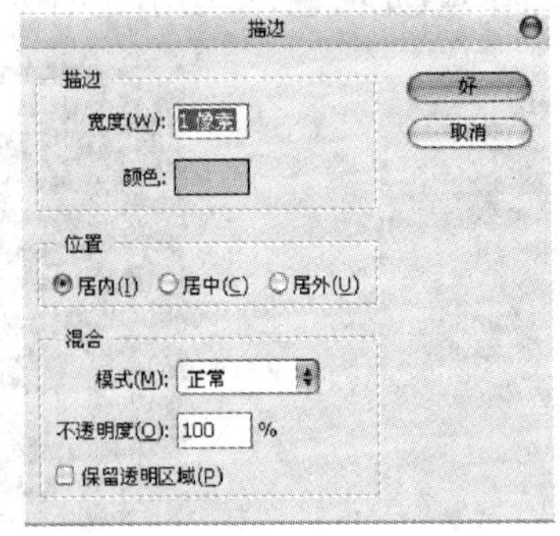

图 6-41　描边参数

● 制作登录按钮。建立矩形选框，执行“选择”→“修改”→“平滑”，填充蓝色(0,58,106)，如图 6-42 所示。

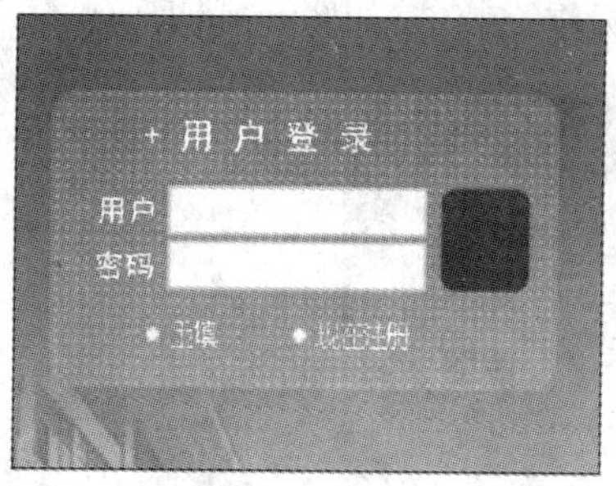

图 6-42 按钮

● 调整图层顺序，使按钮图层在文字图层下，最终完成登录框制作，效果如图 6-27 所示。

(2) 个人信息页面设计与制作

1)延用主页版式编排，背景上叠加白色色块，衬托文本内容，页面背景和网站标志保持不变，如图 6-43 所示。

图 6-43 主页背景

2) 新建背景图层，创建矩形选框大小为“650×510”像素，填充白色，如图 6-44 所示。

图 6-44 矩形选框

3）新建渐变图层，创建“650×40”像素矩形选框，填充灰色(231,239,246)到蓝色(202,258,252)的渐变，丰富背景的层次感，并起到提示作用，如图6-45所示。

4）输入文字，加入矢量图标作为装饰，如图6-46所示。

图6-45　渐变设置

图6-46　添加小图标

5）内容设置简洁明了，文字居中排列，条理清晰，输入文字，蓝色(110,203,237)文字说明填写内容，如图6-47所示。

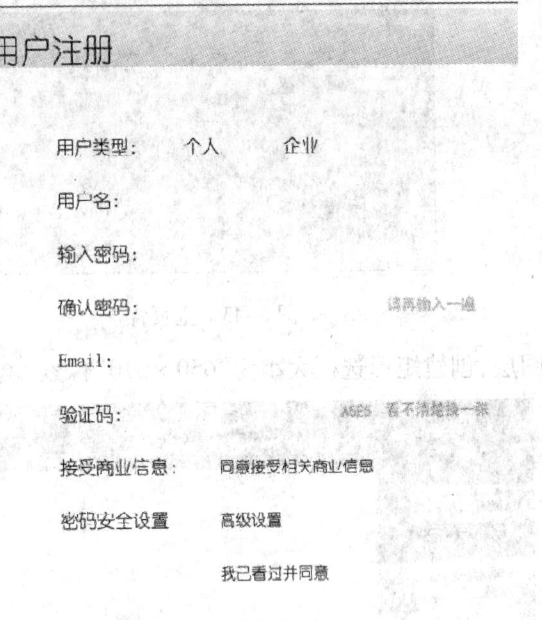

图6-47　输入文字

个人

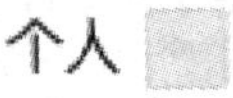

图6-48　制作立体选项框

6）制作立体选项框。矩形选框大小“20×20”像素，填充浅蓝色(196,218,238)，并用明度较低的同色(191,233,248)描边1像素，如图6-48所示。

7）再建矩形选框大小“10×10”像素，制作内阴影效果，参数设置如图6-49所示。

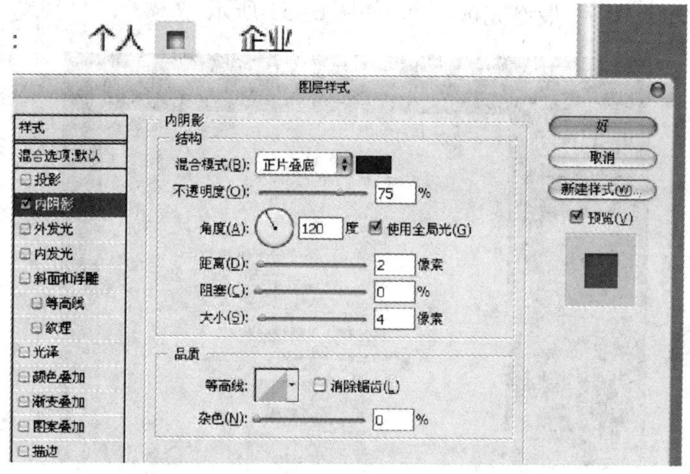

图 6-49　选择内阴影的图层样式

8）输入框制作。矩形选框大小“130 × 17”像素，填充蓝色(196,218,238)，较深颜色(191,233,248)描边 1 像素，如图 6-50 所示。

用户注册

用户类型:　个人　企业

用户名:

图 6-50　输入框制作

9）按键制作。创建矩形框“80 × 25”像素，添加图层样式，设置如图 6-51 所示。

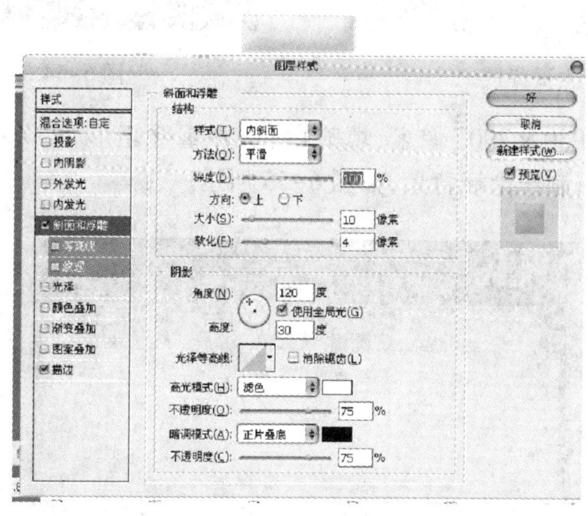

图 6-51　选择斜面和浮雕的图层样式

10）在按钮上输入文字，最终完成制作，如图 6-52 所示。

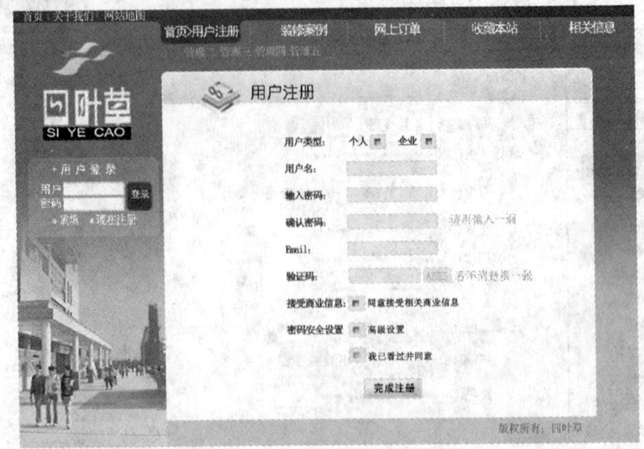

图 6-52　个人信息页面效果

（3）论坛首页设计与制作

1）论坛页面设计，延续主页风格，以蓝绿色调为主。适当调整论坛首页、导航条，如图 6-53 所示。

2）调整 Logo 大小及位置，旁边输入“论坛”，利于识别，如图 6-54 所示。

图 6-53　主页背景

图 6-54　添加文字

3）创建矩形选框“930 × 790”像素，填充白色，并重叠矩形“930 × 65”像素，蓝色（138，200，190）到白色的渐变，制作论坛背景，如图 6-55 所示。

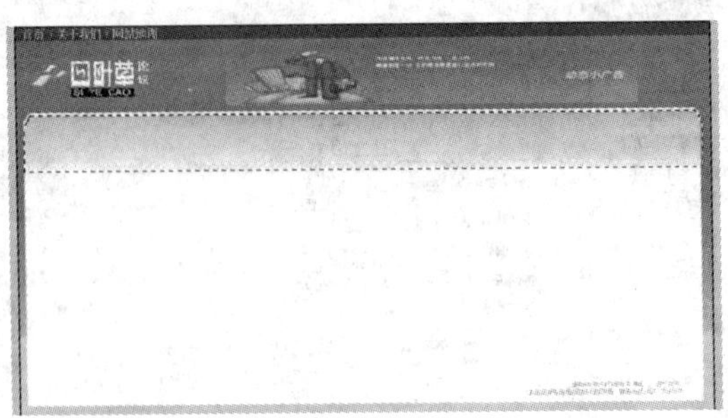

图 6-55　矩形选框

4）制作注册登录框，热贴搜索界面。输入相应文字，如图 6–56 所示。

图 6–56 输入文字

5）输入框及按键。矩形选框“30×15”像素、平滑 1 像素，渐变白–灰–白填充，如图 6–57 所示。

6）矩形框描边 1 像素。完成注册登录框，复制图层完成热贴搜索界面，如图 6–58 所示。

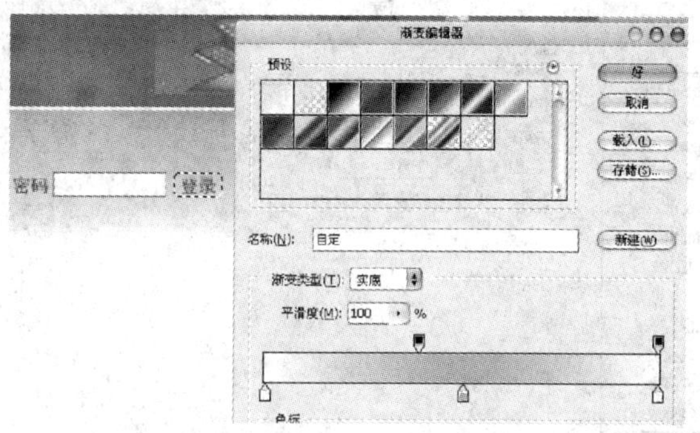

图 6–57 渐变参数

图 6–58 注册及搜索界面效果

7）主页显要位置设计论坛帖子统计数据显示，提升网站人气，文字工具输入文字，如图 6–59 所示。

8）输入文字，添加矢量小图标，如图 6–60 所示。

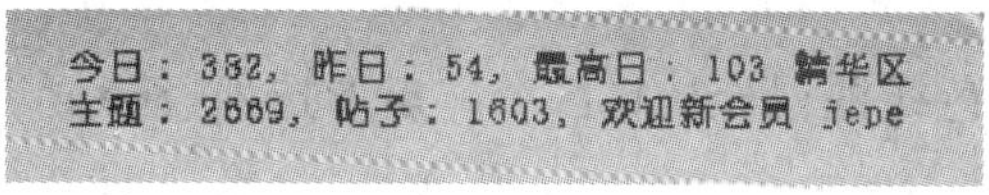

今日：382，昨日：54，最高日：103 精华区
主题：2669，帖子：1603，欢迎新会员 jepe

图 6–59 输入文字

图 6–60 添加小图标

9）制作热门贴区域。矩形选框“865×48”像素，描边 1 像素，如图 6–61 所示。

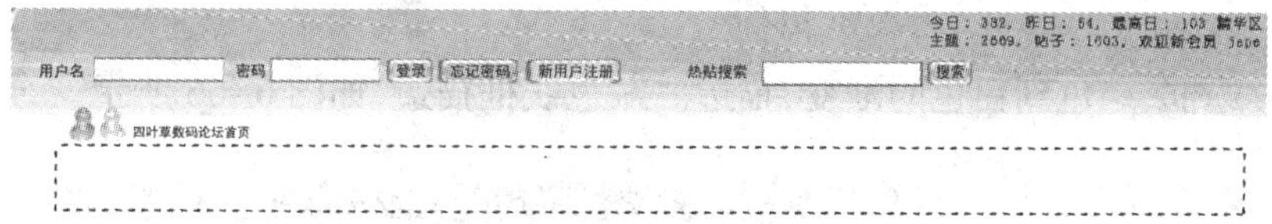

图 6–61 矩形选框

10）输入文字，如图 6–62 所示。

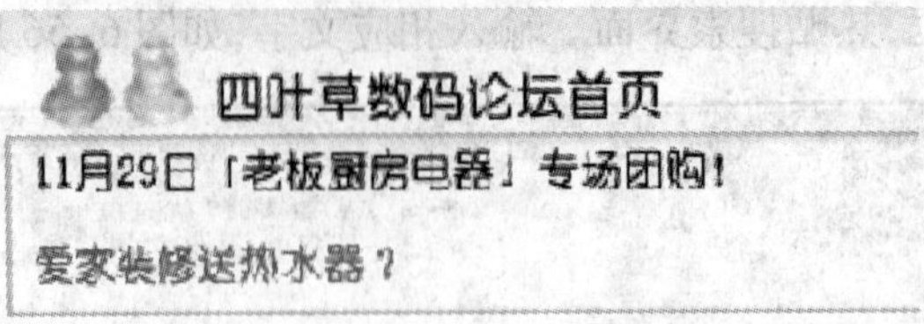

图 6-62　输入文字

11）页码及翻页设置。输入黑色文字，图层样式添加描边效果，让文字略为醒目，设置如图 6-63 所示。

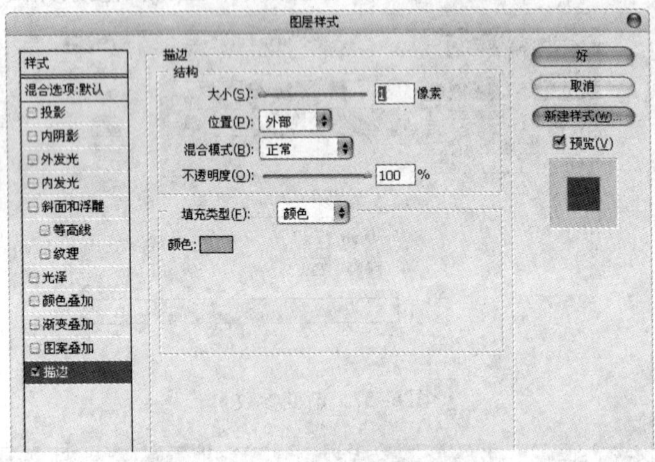

图 6-63　参数

12）添加矩形选框，填充、描边 1 像素，如图 6-64 所示。

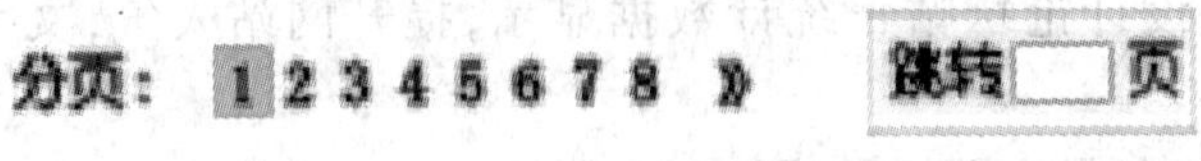

分页： 1 2 3 4 5 6 7 8 》

图 6-64　文字描边效果

13）论坛首页分主题设计制作，通过色块、灰色线框划分视觉区域。矩形选框“865 × 20”像素，填充，输入文字，如图 6-65 所示。

图 6-65　输入文字

14）矩形选框，绿色到白色的渐变，描边。灰色线框描边，如图 6-66 所示。

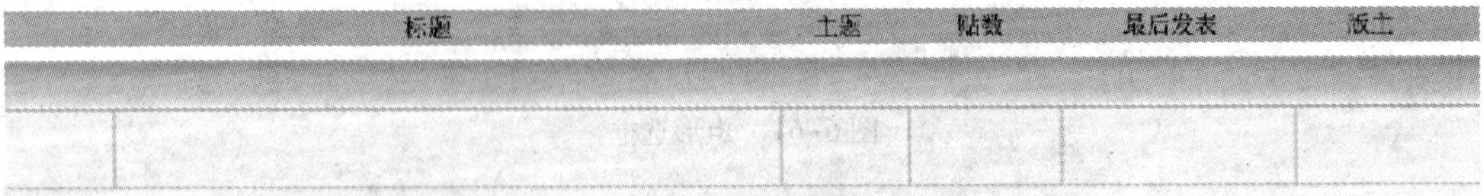

标题　主题　贴数　最后发表　版主

图 6-66　灰色线框

15）矩形选框填充白色，复制制作图标，输入文字，如图 6-67 所示。

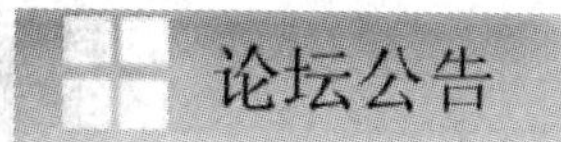

图 6-67　图标

16）重复分栏版式页面效果，需用参考线使矩形条、网格线排列整齐，为显示效果，暂关闭了参考线，如图 6-68 所示。

17）添加图标、图片、文字，显示最终效果，如图 6-69 所示。

（4）主题帖子页面设计与制作，具体步骤可参考论坛首页设计与制作

1）色块与灰色线框，划分视觉区域，制作方法参见论坛首页设计与制作，如图 6-70 所示。

图 6-68　分栏效果

图 6-69　论坛首页效果

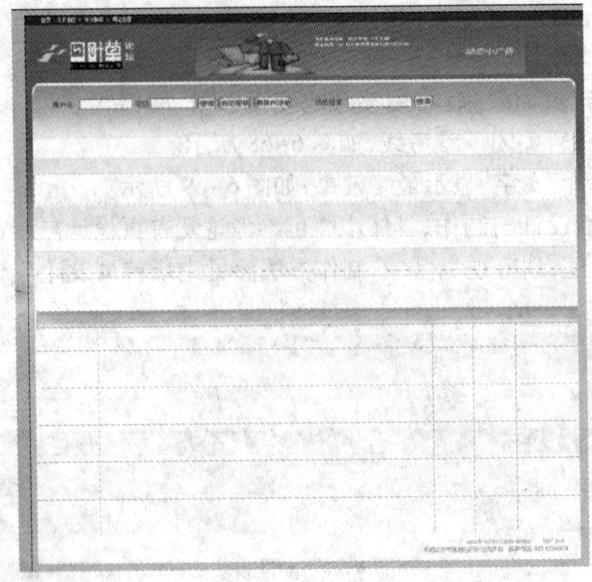

图 6-70　线框划分视觉区域

2）图标、文字显示，显示当前位置，同时可作功能链接，如图 6-71 所示。

图 6-71　添加小图标

3）显要位置设计“发贴”按键，提示用户参与互动。同时设置快捷跳转页面功能，如图 6-72 所示。

图 6-72　发贴图标及文字

4）热贴导航及本版规则。输入文字，如图 6-73 所示。

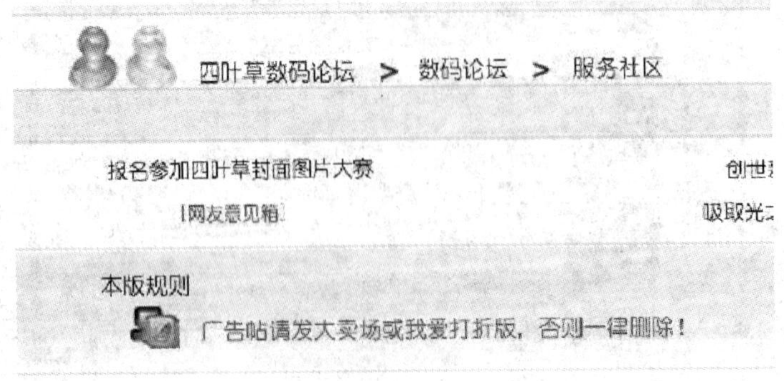

图 6-73　热贴文字

5）添加小图标，增强趣味性和装饰感，如图 6-74 所示。

6）主题、帖子数提示，如图 6-75 所示。

图 6-74　添加小图标

图 6-75　文字输入

7）主题页面最终效果，如图 6-76 所示。

图 6-76　主题帖子页面设计与制作效果

（5）发帖、回帖页面设计与制作

1）色块与灰色线框，划分视觉区域，参见论坛首页设计，如图 6-77 所示。

2）显要位置的发帖、回复图标，提示用户参与互动，如图 6-78 所示。

3）发帖用户个人信息显示，如图 6-79 所示。

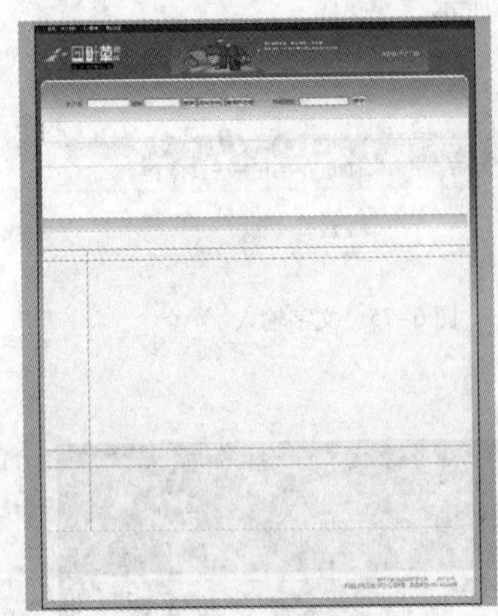

图 6-77　划分视觉区域

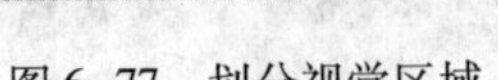

图 6-78　小图标

图 6-79　发贴用户个人信息显示

4）发帖、回帖页面最终效果，如图 6-80 所示。

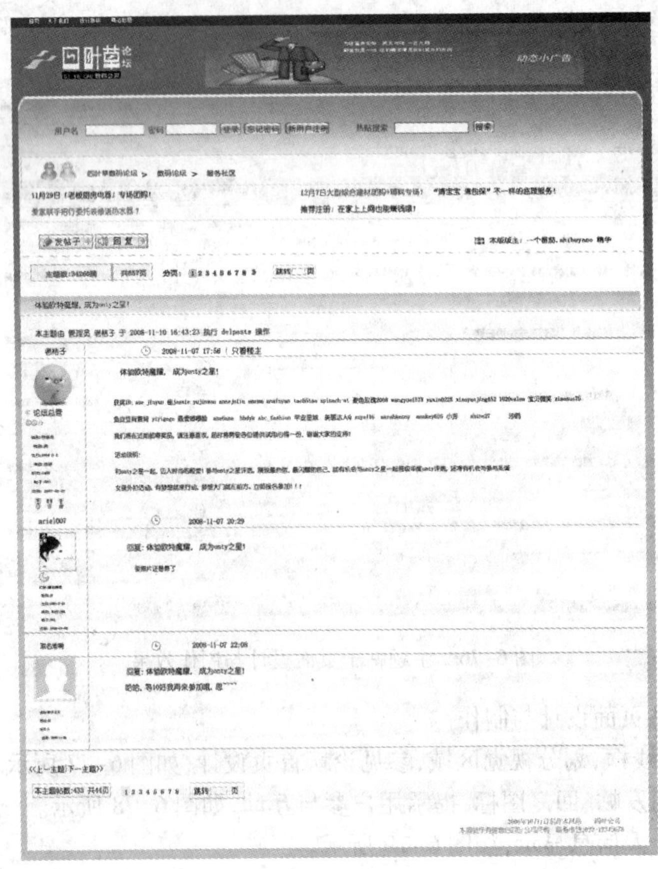

图 6-80　发贴、回贴页面最终效果

（6）搜索界面设计与制作

1）输入文字、空格色块“110×15”像素，黑色描边1像素，如图6-81所示。

2）制作链接按钮，参见论坛首页按键制作，如图6-82所示。

图6-81　文字及输入框　　图6-82　添加按钮

（7）后台界面设计与制作

1）背景以主页页面色调为主，添加标志辅助图案进行装饰。设置渐变，蓝(0,103,104)、草绿(90,226,128)、深绿(17,69,19)，作为背景，如图6-83所示。

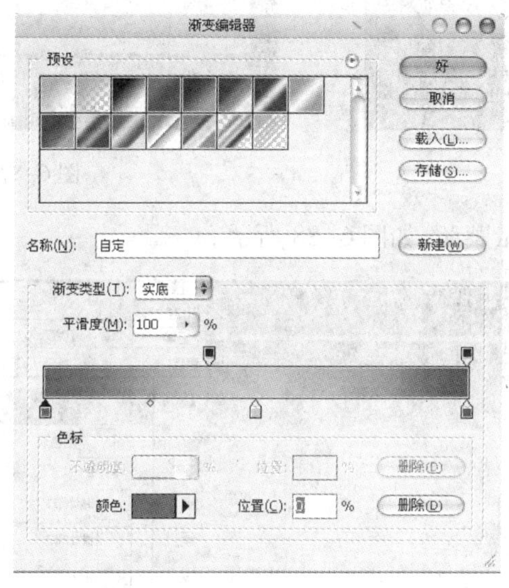

图6-83　渐变参数

2）Logo辅助形裁剪放在对角作为装饰，不透明度30%，如图6-84所示。

3）简洁的登录界面。矩形选框“740×430”像素，填充白色，如图6-85所示。

图6-84　Logo辅助形

图6-85　白色背景

4）矩形选框“740×120”像素，深蓝色(58,120,158)到浅蓝色(159,214,242)渐变填充，如图6-86所示。

5）制作投影，添加空间效果，使页面简洁而富于变化。添加矩形选框“740×75”像素，填充白色，不透明度67%，如图6-87所示。

图6-86　渐变

图6-87　透明倒影

6）保留选区，添加矢量蒙版，如图6-88所示。

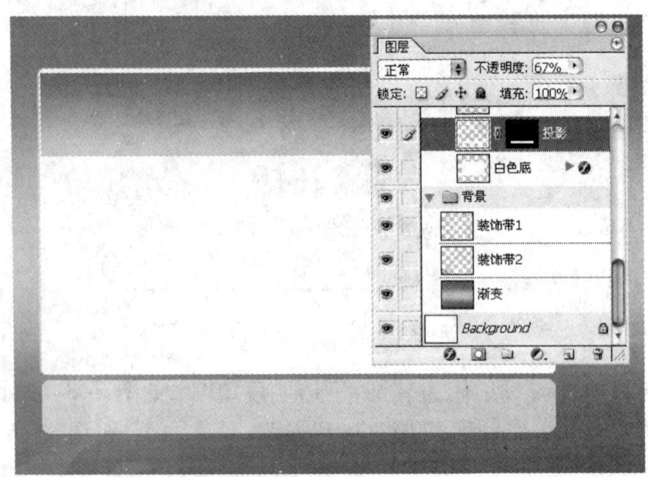

图6-88　蒙版

7）将蒙版载入选区，选择渐变工具，拖移自下而上由黑色到白色的渐变，如图6-89所示。

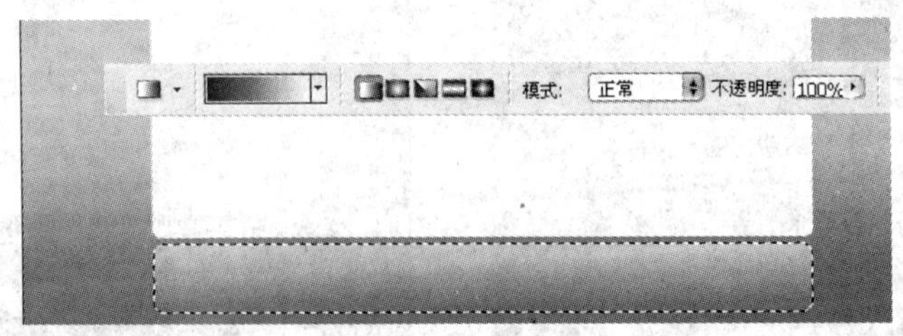

图6-89　渐变

8）添加网站Logo，文本内容，如图6-90所示。

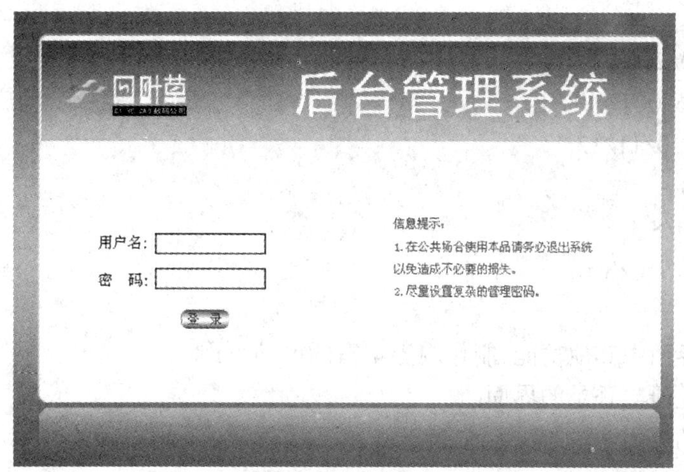

图 6-90　添加 Logo、文本内容

9）后台页面完整效果，如图 6-91 所示。

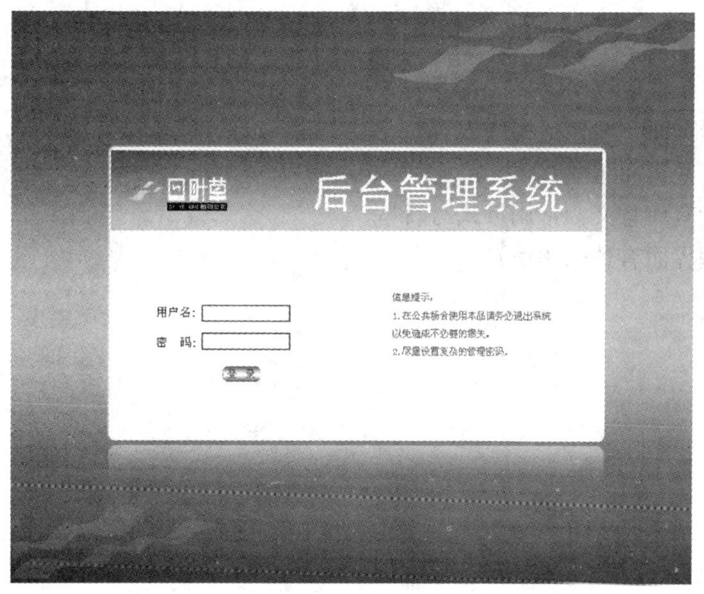

图 6-91　后台页面效果

6.7　实训

主题：为网站设计制作用户注册、登录界面，论坛、搜索界面等互动界面。

实训目的：

- 了解并掌握用户注册的制作过程和方法。
- 了解并掌握登录界面的制作过程和方法。
- 了解并掌握论坛的制作过程和方法。
- 了解并掌握搜索界面的制作过程和方法。

实训条件：

Windows 2000/2003/XP。

Dreamweaver 6.0/7.0/8.0。

CorelDRAW 9.0/11/12。

Photoshop 8.0。

Flash 6.0/7.0/8.0。

Fireworks 6.0/7.0/8.0。

实训内容：

- 综合网站界面中其他功能，制作内容丰富的网站页面。
- 制作用户注册与登录的界面。
- 制作论坛的界面。
- 制作搜索的界面。
- 制作其他互动的界面。

6.8 习题

1. 注册与登录框放在网页显著位置有什么重要性？
2. 个人注册页面一般包括哪些内容？
3. 论坛由哪些页面组成？
4. 互动设计有何意义？常用形式有哪些？
5. 后台管理界面有什么用途？

第7章　网站界面中的广告设计

本章要点

- 网络广告的特点
- 网络广告设计的原则
- 网络广告的表现手法
- 常见网络广告的类型及制作方法

网络广告是随着近年来互联网的兴起而逐渐产生的一种宣传方式,网络广告是指通过Internet,利用www在网页上发布,或者是指通过电子邮件等电子文档形式所发出的网络信息,这些网络信息通常包括文字、图形图像、动画、视频和声音,又被称为Web AD。网络广告是广告的一种,就像电视广告、平面广告一样。广告是确定的广告主以付费方式运用大众媒体劝说公众的一种信息传播活动。网络广告是以确定的广告主付费方式运用网络媒体劝说公众的一种信息传播活动。

与通常的商业广告一样,网络广告主要分企业形象广告和产品广告两大类,但是从广告的最终意图来讲,都是为着产品促销这一根本目的。所以,可以这样来认识广告,网络营销是网络广告的出发点,网络广告是网络营销的实施形式。网络广告具有一个无与伦比的优势:它可以根据更精细的个人差别对顾客进行分类,分别传送不同的广告信息,即可以实现真正的个人化服务。

网络广告的兴起是与Internet的迅速发展以及电子商务的出现紧密联系在一起的。网络营销是电子商务的一种形式,是将传统营销革新成为以客户为中心的新型营销模式。尽管目前网络广告收入占整个广告营业额比重较小,但其发展势头十分强劲,极具发展潜力。

7.1　网络广告的特点

网络广告的传播不受时间和空间的限制,它通过国际互联网络把广告信息24小时不间断地传播到世界各地。只要具备上网条件,任何人,在任何地点都可以阅读,这是传统媒体无法达到的。网络的可锁定和追踪能力使得网络有潜力成为广告主所能利用的可信赖的媒体,网络广告的优势可以概括为以下几点。

(1) 交互性强

交互性是互联网络媒体的最大的优势,它不同于传统媒体的信息单向传播,而是信息互动传播,用户可以获取他们认为有用的信息,厂商也可以随时得到宝贵的用户反馈信息。

(2) 针对性强

根据分析结果显示,网络广告的受众是最年轻、最具活力、受教育程度最高、购买力最强的群体,网络广告可以帮用户直接命中最有可能的潜在用户。

(3) 受众数量可准确统计

利用传统媒体做广告，很难准确地知道有多少人接受到广告信息，而在Internet上可通过权威公正的访客流量统计系统精确统计出每个广告被多少个用户看过，以及这些用户查阅的时间分布和地域分布，从而有助于厂商正确评估广告效果，审定广告投放策略。

(4) 实时、灵活、成本低

在传统媒体上做广告发版后很难更改，即使可改动，往往也须付出很大的经济代价。而在Internet上做广告能按照需要及时变更广告内容。这样，经营决策的变化也能及时实施和推广。

(5) 强烈的感官性

网络广告的载体基本上是多媒体、超文本格式文件，受众可以对某感兴趣的产品了解更为详细的信息，使消费者能亲身体验产品、服务与品牌。这种以图、文、声、像的形式，传送多感官的信息，让顾客如身临其境般感受商品或服务，并能在网上预订、交易与结算，将更大大增强网络广告的实效。

(6) 无时间、地域限制，传播范围极大

网络广告传播范围广，可全天候传播，并且无地域限制，可以尽可能地让更多的受众看到，并参与进来。

(7) 多对多的传播过程

(8) 检索便捷

网络广告未来的发展趋势是很让人看好的。首先，现在所有的大型软件开发厂商都在为新一代的网络传播开发新的软件。就现在而言比较成熟的Flash Player就已经达到了富媒体的概念，富媒体就意味着网络广告在技术方面是绝对占有优势的。其次，现在可以肯定的是，没有一样东西能够与网络相比拼，就连电视也是包括其中的。虽然现在的电视观众还比电脑的用户多得多，但是电视广告绝对没有电脑网络更有效果，更重要的是，现在的电脑普及速度极快。最后，基本上只要打开网页就能够见到广告，即网络广告无处不在。较好的广告能增添网页的可看性，让人容易接受而且不影响客户的其他需求，这样就没有霸王广告的感觉了。

随着信息技术的飞速发展，人类社会信息化进程的加快，人们的工作方式和生活方式的方方面面都将被网络渗透，从这一点来看，网络广告的作用将越来越大，网络广告的受众将越来越多，这是必然趋势。

7.2 网络广告设计的原则

网络广告，在之前很长一段时间里，都是网站盈利的唯一途径，虽然后来有互联网服务内容提供收入、网络游戏收入等异军突起。但是网络广告的收入，依然是各个网站最稳定和重要的收入来源。网络广告的这一特点，在个人网站上的体现更为明显，很多个人网站，网络广告的收入是其唯一的收入来源。

1. 网络广告的分类

网络广告的分类，可以按照投放目的、投放形式两种划分。

(1) 投放目的

按照投放目的划分方法，是以网络广告投放最终的需求来分类的。一般而言可以分为：

1) 信息传播类。信息传播类的广告，其目的是将某个消息传播出去，其目的主要是将新产品上市的信息让更多的人知道。

信息传播类的广告的效果衡量标准根据广告的具体内容有一些区别，如果信息属于网络的内容，那么点击效果（包括点击量、点击有效性等）是衡量的主要标准。如果信息是属于一个传统的活动（比如某商场开业酬宾），那么它的效果比较难评估，一般的办法是将这个活动的一些属性提取出来，成为网络内容（比如提供一个有奖网络调查、活动的网络报名），如图 7-1 所示。

图 7-1　信息传播类广告

2）品牌广告类。品牌广告，是针对某一个品牌进行的宣传，其目的是为了提升品牌的知名度和美誉度。比如爱立信在通信世界网上投放的介绍自己业绩的广告，就是属于品牌广告。

网络上的品牌广告的衡量标准，可以通过点击效果和互动活动来综合衡量。另外，这类广告的投放也有讲究。因为属于品牌广告，其投放地点将直接影响投放的效果。这个就好像公厕人流量最大，但是很多公司都不愿意在那里投放广告的道理是一样的，如图 7-2 所示。

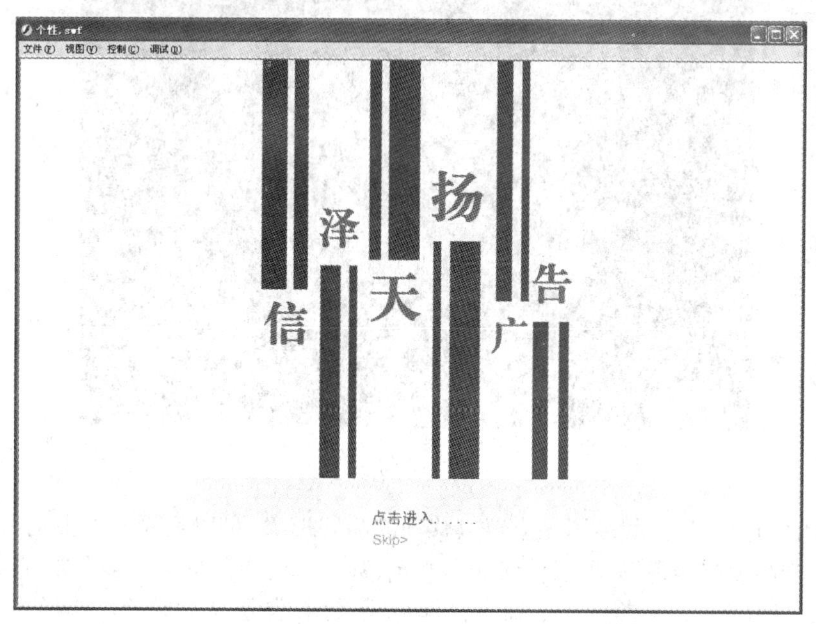

图 7-2　品牌广告类广告

3）销售/引导类广告。销售类广告，目的就是为了销售出去产品。比如大家经常看到的图铃广告都可以归到这类里边去，如图 7-3 所示。

销售类广告，如果现售的产品是网络产品，那么可以通过实际的销售结果进行衡量。这类广告是属于“抓到老鼠就是好猫”的一类广告，一般不管投放到什么地方去，只要能卖出去东西就可以。不过，这也带来挂羊头卖狗肉的情况发生。

图 7-3 销售/引导类广告

(2) 投放形式

随着网络广告的不断发展，网络广告的投放形式也不断翻新。现在的网络广告形式有以下几种。

1) 片头动画。片头动画是指在网站或多媒体光盘前，运用 Flash 等软件制作的一段动画诠释了整个光盘内容，并浓缩了企业文化的一段简短多媒体动画。它具有简练、精彩的特性，如图 7-4 所示。

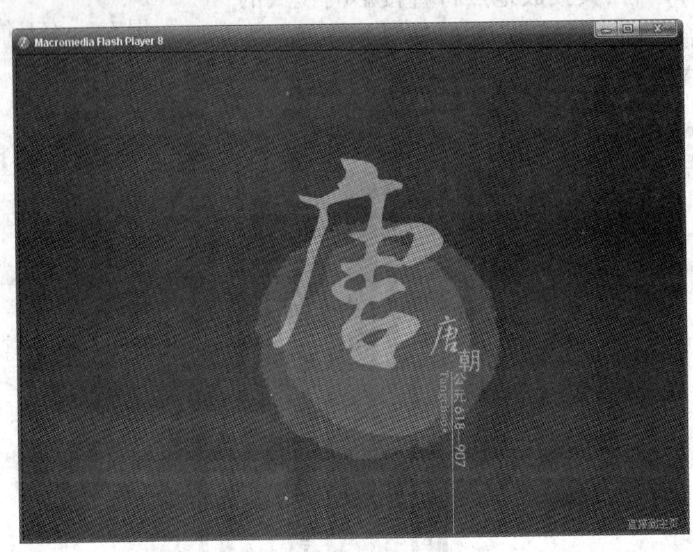

图 7-4 片头动画

一段优秀的片头设计，代表了一个可以移动的品牌形象，可以运用在企业对外宣传片、行业展会现场、产品发布会现场、项目洽谈演示文档，甚至企业内部酒会等多个领域。

2) 横幅广告(Banner 广告)。横幅广告是最早采用，也是最常见的广告形式。它是通过网络媒体发布广告信息的一种新型广告形式，它通过在网上放置一定尺寸的广告条来告诉网友相关信息，进一步通过吸引网友点击广告进入商家指定的网页，从而达到全面介绍信息、展示产品和及时获得网友反馈等目的，如图 7-5 所示。它的特点是，在某一个或者某一类页面的相对固定位置放置广告。

横幅广告将广告、动画和网络结合在一起，是一种新兴的广告媒体。在网络高速发展的时代，商家也越来越重视这被称为“第四媒体”的沟通和营销的新载体。它的推出也反映出全球网络化营销的新趋势。

图 7-5　Banner 广告

这种广告一般是定期更换，手工或者自动的通过统一的系统进行投放。广告由广告主与网站主协商确定，与内容无关。

3）上下文相关广告。上下文相关广告，是在 Banner 广告的基础上，增加广告与上下文的相关性，由广告投放平台通过分析投放广告的页面内容，然后从广告库中提取出相关的广告进行投放。

上下文相关广告最早是 Google 开始推出，后来，百度、Sogou 等都相近推出。

4）图标广告。图标广告就是具有按钮效果的广告，与一般按钮不同的是它不仅可以实现按钮功能，即链接到另外一个网页，同时具有良好的广告效果，因此很多网站经常用它来宣传自己或通过它来建立与其他网站的友情链接。另外，在很多网页上看到的浮动广告也是其中一种形式。

5）弹出广告。弹出广告的历史比固定广告晚一些。弹出广告早期是在页面打开的时候，使用 JavaScript 代码打开新窗口的方式显示广告，如图 7-6 所示。后来，逐步的有所变化：第 1 种是 JavaScript 打开的窗口，不再是一个广告窗口，而直接是内容页面；第 2 种是部分弹窗广告采取后弹模式，也就是说，当页面载入完成后弹在当前页面后；第 3 种是部分弹窗广告采取关闭触发的模式，也就是说，当用户关闭窗口，或者离开当前页面的时候弹出。

图 7-6　弹出式广告

弹出广告严重影响用户的访问体验，但是，因为其对 ALEXA 排名的提升，对宣传效果的突出，使很多广告主对此很是喜爱，价格也比较高，所以弹出广告一直没有被杜绝。

6）内文提示广告。内文提示广告也叫“划词广告”，即在内文中，划出一些关键字，然后当鼠标移动到上边的时候，使用提示窗口的方式显示相关的广告内容。

这种广告形式比较新颖。这种广告比较有特色的是既与上下文相关，又不占用页面位置。

7）插件/工具条安装广告。随着网络的发展，很多插件、工具条为了获得大量的用户基础，开始有了推广的需求，软件/插件安装广告即应允而生。

早期的插件/工具条的安装，都会有明确的提示。因为部分用户对网络知识的了解匮乏，以及对网站的信任，安装率非常高。后来随着插件的泛滥，以及插件给电脑本身带来的危害，用户开始拒绝插件安装。后期的很多插件开始使用病毒手段，在不提示的情况下，强制安装。

随着舆论的声讨，以及插件服务商之间的争斗，垃圾插件被广泛的质疑，插件/工具条安装广告也开始逐步走向没落。但是在一定范围内，特别是部分个人网站上仍然存在。

在这些广告形式中，目前比较常用的有片头动画、横幅广告、图标广告和弹出式广告，这些广告的制作过程详见7.4 网络广告的设计。

2. 网络广告策划

网络广告业务包括了网络广告策划、网络广告调查、网络广告制作、网络广告发布、网络广告预算和网络广告测评。在诸多业务之中，网络广告策划是其中最为重要的一个，它涉及全局，有着指导的重要职能。它克服了网络广告技术性服务的分散与盲目，把网络广告业务整合为一个有机整体，并将其自身纳入企业整体营销策划和整体广告策划中来。它作为网络广告业务的代表性职能，将代表网络广告业务发展的整体水平。网络广告的设计原则最为重要的也就是网络广告策划的原则。

网络是广告媒体的一种，网络广告是企业采用的诸多广告形式之一，网络广告策划是企业整体广告策划的一个有机组成部分。

网络广告策划，就其性质而言，它属于广告策划中的单项策划，是媒介策划的一种，但它不同于广告媒体策划，因为广告媒体策划要考虑的是多种不同媒介的组合运用问题，网络广告既要考虑不同类型的网络广告的综合利用，也要考虑和其他媒体的配合，要考虑选择什么样的广告媒体。例如：电视、电台、报纸、杂志，当然，在网络广告中，主要媒介是网络，但没有哪一家企业只在网络上做广告，因此，选择什么媒体互相配合，在形式、时段，版式版面选择，持续时间等因素上做到互相配合和一致。

就其时间而论，网络广告策划基本都是长期广告策划，因为就企业而言上网不会是一个短期行为，在现代企业中，这几乎是一个必要条件了。当然，在不同的时期内，网络广告在形式、内容等方面都应该做适当的调整，但这并不妨碍企业拿出尽可能长远的网络广告策划方案。

成功的网站作为一种广告形式，有别于一般的广告，它并非只是支出，还会带来收益。比如网易、新浪等网站，其策划者都是身家丰厚。因为网络作为传媒有别于其他大众传媒，它可以是自己的，并可以成为自己盈利的工具。从这个意义上讲，网络广告策划是一项很值得投入的工作。

3. 网络广告策划的内容

广告是一门说服的艺术，其目的是让消费者自觉自愿地购买商品或服务，网络广告当然也不例外。说服的过程是一个非常复杂的过程，它必须与消费者的购买心理活动相契合，才能达到预期的目的。网络广告策划作为广告策划的一种或者一部分，其工作内容和广告策划差不多，也就是要通过一定的方法说服消费者来购买产品。

第一：在网络广告策划活动中，首先应该合理确定广告对象。确定了广告对象，才能有针对性地制定吸引这些人注意力、激发他们购买欲的广告。要找准广告对象并不容易、所有的网民并不一定都是广告对象，要经过周密布置和细致划分才能确定。

找准广告对象的指标有多种，例如：性别、年龄、文化、收入、兴趣、职业等。性别不同，人的需求偏好不同，在生活必需品之外的产品消费上有天壤之别。如果产品本身带有性别色彩，那么，对网民性别比例的判断就非常必要。年龄段也是一个因素。年轻人，尤其是未婚者，更关心如何让自己更加完美和浪漫，在服装、化妆品等商品上往往不惜花大钱；结婚的人更加实际，对生儿育女、家庭装潢、饮食起居等更关注。如果产品是家用电器，那么，选择年龄偏大一点的网民群体是必要的。同一年龄段的网民中，会在收入、兴趣、职业等多方面表现出差别。收入决定消费，不同的收入水平有不同的消费结构。准确划分网民的收入比与人口比，这样才能决定推出什么档次的产品，决定使用什么样的广告基调。特殊职业往往有特定的消费需求和动机，网民的职业分配并不呈现规律性，但特色化的网站中肯定有网民的许多共性，对这些特点和共性的把握是为了分析网民的消费动机和消费偏好，基于不同职业上的商品认可是不同的，在做广告策划时，对此要把握准确。

广告对象策划的另一个值得注意的问题是对对象的研究不具体不细致，抓一而概百，因此根本找不到消费焦点，在一些看似重要、实际却无关痛痒的问题上花大力气。这往往是影响广告整体效果的致命因素，却常常被忽视。更多的广告策划者愿意在“设计”、“构思”、“图案”、“色彩”上下功夫，而对实际很重要的广告对象的调查和研究工作做得不够，从而导致广告的失败。

第二：广告要配合营销计划。营销计划有地域性，比如全国的、城市的、南方市场、北方市场等。这样，广告也就有了相应的地域色彩。网络广告还要考虑到另外一些因素，如，同类广告知名度、同类产品市场占有率、购买者特点、潜在竞争对手等。

第三：选择合适的广告传播方式。

网络广告的方式分为坦城布公式、说服感化式、货比三家式、诱客深入式 4 种。

（1）坦诚布公式

坦诚布公式是在将自己的产品性能及特点，客观公正地讲给顾客。为了达到客观性和科学性，可以借助科学手段方法，比如物理、化学方法进行产品性能检测，如图 7-7 所示。为了达到客观性与说服性，可以邀请名人在网上与网民交流，比如聊天室、在线直播等形式。

（2）说服感化式

说服感化式是先制造悬念再诱导购买的方法。悬念是说服感化的前奏，只有吸引了消费者的“注意力”得到“许可”，才有说服感化的可能，如图 7-8 所示。可以在网站某个位置设置一些富于诱导性的语言，例如“活 150 岁，你想吗？”“今天你就会拥有爱情”等，再配上一幅动感十足的画面，往往会达到引人入胜之效果。悬念在于吸引，真正需要下功夫的是诱导——如何说服顾客购买。诱导分为权威感化和情感感化两种，前者是用权威性的评论或判断让消费

图 7-7　坦城布公式广告

者相信这种产品是信得过的，这对于有一定消费经验，对产品有一定了解的人来说，这种方法更加奏效。对于另外一些富于情感的人群来说，使用情感诱导则是有效的，这个群体可能并不要求产品的实际性能有多么出众，而只注意情感的表达，例如恋人之间，特定节目中的节日礼物等，这时真情流露会感化顾客的。在网上，只需在悬念之后再设一个窗口，就可以对被吸引过来的网上消费者进行说服，既简单又有效。

图 7-8　说服感化式广告

(3) 货比三家式

货比三家式是针对顾客“货比三家”的心理而策划的战术。网络中，提供同类产品信息易如反掌。通过比较，可客观地证明自己的优越性。在比较的时候，要将自己产品的性能、设计等优点摆出来，再把同类产品的同项指标摆出来，尽量不要做任何评论，加入了评论，有贬低对方嫌疑，广告法不允许，还容易引起网民的逆反心理。

(4) 诱客深入式

诱客深入式是指利用问卷、提示、甚至夸张比喻的手法将顾客“抢”过来，如图 7-9 所示。可以请消费者来设计广告标志、广告图案、广告用语，然后对其中有用的少量部分进行奖励。网络中，有许多免费的东西就是为了引诱网民点击的“诱饵”。在免费搜索引擎中有两个较常见的站点 E-Poll 和 Bonus，它们用电子邮件的方式与网民取得定期联系，发出问卷，当被访者的回答一定数目后，就可以获得相应的礼品。问卷本身就是广告，顾客的回答过程就是识记广告产品的过程。这种诱客上钩法在网络社会有广阔的发展潜力。

图 7-9 诱客深入式广告

4. 网络广告策划的原则

（1）网络广告的设计原则

网络广告存在着众多的自身特点，设计者在设计网络广告的时候就必须针对其特点调整自己的思路和设计方法，以适应这一广告的特性，扬长避短，才能更好的发挥广告的传播效果。

1）运用人类共通的符号语言和图形、色彩语言，避免不同文化范围忌讳的图形符号。由于网络广告依托于 Internet，它不受国家、地区的限制，网络信息来自世界上完全不同的地方，网络广告没有距离感。网络广告传播的范围通常被默认为是全球性的，这也是它与身俱来的优势。因此，网络广告设计中所有的符号要素（语言，文字，图形，色彩，图片）的设计运用，都必须尽可能是所有受众群体易于接受和喜闻乐见的。能让不同地区、不同文化、不同层次的受众读懂、看懂、听懂广告信息是广告主的第一需要。这就要求设计者善于运用人类共通的符号语言和图形、色彩语言，尽可能多用国际语言或多种文字语言表达。其次，广告设计要避免不同文化范围忌讳的图形符号的出现。

2）页面和路径设计要容易、方便、快捷。传统广告的设计要使受众在心理上产生 AIDA 过程，只是由于受众是被动的所决定的，而网络广告的受众是主动的。因此，引起注意不是受众的第一心理过程，广告设计也不能以引起注意为第一目标。受众心理过程是 AIDA 过程。在这里，受众对产品或服务的求知欲望是原心理固有的，或是从其他广告信息引起的。因此，网络广告的第一设计目标应该是保持受众的这种求知欲并将其顺利引向欲求点。这就需要我们的页面和路径设计能使不同兴趣的受众最容易、最方便、最快捷地查询所需信息。其后，以此引起兴趣，培养欲望，促成行为。

3）色彩设计以清新、明快为宜。网络广告色彩运用的种类不要太多，纯度也不宜太高，否则容易引起受众的视觉疲劳。其对比度以适中为好，色调以清新、明快和能够适应消费者的心理为宜，版面设计的对比度也不宜过强。

4）内容要多而不繁。既然网络广告是主动被点击的，那么受众至少已经对广告主的产品或服务有了初步的欲求，这时受众需要的是对产品的进一步了解、分析和判断，从而决定自己的选择、不选择、等待时机选择和比较后再选择。这就要求网络广告含有该产品更多更详尽的专业内容，同时能突出产品的主特点和主卖点，在这方面它与样本的设计原则相近。

在网络广告中要设计众多的路径，把不同的内容纳入不同的支流，并建立信息反馈窗口。只有这样，才能充分发挥网络广告的交互性优势。在传统广告中，简洁是其设计原则，而在网络广告中，依据受众的不同兴趣，其内容可多设计一些，把不同的内容通过不同的界面反映出来，其支流的内容要多而不繁。页面要简洁、明快、易懂、易于记忆为主，而不是语言的冗长和画面的重复，广告设计的整体原则应是能始终抓住受众的兴趣，并引导其最终产生消费行为。

5）把不同的卖点集中于不同的路径。由于网络广告有着无限的空间，这些空间是通过不同的路径体现的，而不同类型的受众又有着不同的兴趣点。因而，网络广告的设计必须把产品或服务的不同点分别集中在不同的路径之中。具体的说，也就是在不同的路径中把不同卖点作为第一主卖点，把传统广告的众口难调变为众口可调。

6）建立反馈平台，跟踪信息反馈。传统广告的制作周期长，且造价昂贵，加之信息反馈不畅、欠准，所以广告完成后很难改动。而网络广告不仅制作经济、快捷，而且信息反馈便利、准确，可以随时根据市场和消费者的需要调整广告。这一切依赖于 Web 广告的交互性，而交互的完成依赖于网页上信息反馈渠道的建立。因而，反馈平台的建立和随时跟踪信息反馈是十分重要的。

7）整体统一。首先要与传统媒体的广告策划、广告设计保持统一。考虑到传统的四大媒体已经发展得比较完善，在选择网络广告之前，企业可能已经有了较为成熟的广告体系，如 CIS 企业识别系统。网络广告作为新增的部分，可以也应该与原来基于传统媒体的广告策划、广告设计保持理念的统一和关键视觉部件的统一。而新兴的产业，也常借助于传统媒体的力量，以通过各种媒体长时间的、多方位的、同一性的传播来强化社会对企业的认同，从而更完整的体现广告策略的整体思考和统盘操作。

其次是全球各个站点遵循一个模式。由于网络广告具有国际性，考虑到世界各国使用不同语言，可以通过使用统一的文字内容和语调以及统一的图形和标志显示品牌的力量，让消费者觉得这些信息对其有同样的价值，使全球的消费者对同一个品牌持有相同的价值感。使企业的形象能够完整的凸现在商业的海洋中，在公众心目中树立起统一的形象，最终实现产品或服务的推广。

最后是网站内部设计保持形象设计的统一，各个页面保持风格的统一。使用统一的色调，统一的标志，统一的图形，各链接页面使用统一的版式，更新页面时注意保持风格的统一。如果将网络广告与其他媒体进行对比，我们会注意到网络广告的特点是灵活性和互动性。但是从另一面来看，这些特点也容易导致网络广告零散片面的不完整感。为了让自己的站点在信息的海洋里能够吸引和留住更多的注意力，必须把局部和整体统一起来。

8）讲究时效。及时、准确是信息社会对网络广告的要求，把握信息的传播速度正是网络广告的特点。一方面，网站能抓住时效，提供最新的数据；另一方面，提供充分的历史数据资料，其数据存储量之大，远远超过传统的图书馆及报刊杂志。网络广告的更新比其他媒体更方便、更快捷。

9）增加趣味。趣味性是网络广告与传统广告最为相近的一个特性。相对于政府、金融等严谨的网站，娱乐、休闲、艺术类的网站显得稍微轻松，而企业网站，偶尔设计一些有趣的场景，也能让人觉得亲切。免费的礼物、有奖竞猜、注册赢金点、动态的图形等使紧张的浏览和下载有了一些欢快的气氛。文字的立体化、图形化、运动化处理，跟随鼠标的互动、翻转效果，按照一定路线运动的小小图形广告，更体现了网络广告独特的趣味性。

（2）网络广告的设计创意方法

现在乃至将来都是一个过剩的消费时代，在一个相对富裕的社会里，消费者的消费目的，不只是为了需要而消费，更多地是为消费而消费，为感觉而消费。此时的消费者便不单单满足于量和质，而会寻求更高层次的感性满足。人的情感是最丰富的，也是最容易激发的。

广告中的感性诉求便是基于此种缘由，通过挖掘或附加商品情感，来激发人们心中相同的情感，使人们对商品产生好感，从而导致购买行为。

对于网络来说，感性诉求广告有这样几个优点。

- 通用性。几个国家或地区的语言、风俗可以相异，不同民族的审美观、价值观可以不同，但情感却可以相通。这一点非常适合网络广告国际性的特点。
- 互动性。正因为人类有着极为丰富的感情，并容易被激发，所以感性诉求广告具有很大的互动性，这正是情感诉求广告在网络上具有较高点击率的原因。
- 非商业性。对于具有鲜明意图的商业宣传，人们不免怀有防备之心。感性诉求广告正因为紧紧把握住人情味这个要素，才能在商业宣传中淡化其商业气息，使消费者自觉自愿地点击广告，接受所宣传的产品或服务。

网络感性诉求广告有这样几种创意方法。

1）感知效应——品质的冲击力。网络广告所显示的商品经常具有独特的品质或功能，让消费者真正感知到这一点，是网络广告设计最有效的手段和目的。但一般而言，网络广告由于其文件和幅面大小的限制，其表现方式有很大局限性，但如果找到合适的表现方法，则能取得事半功倍的效果，如图 7-10 所示。

图 7-10　感知效应

2）情趣效应——情节的吸引力。网络广告可以制作成动画，这样它就可以像影视广告一样，表现一定的情节。具有情节的广告与众不同，容易吸引网友的注意力和好奇心，获得认同感，达到更好的广告效果，如图7-11所示。

3）情感效应——氛围的感染力 。在网上，富有情感的广告更易激发人点击的欲望。设计师通过色彩、文字、图像、构图等手段营造出一种氛围，它使观看广告的人产生了一种情绪，正是这种情绪使人们接受并点击广告，从而接受了广告所推出的服务或产品。网络广告应该设法提高自己的情感效应，善于认识、发挥甚至赋予商品所适合的情感，营造出使网友产生共鸣的氛围，使广告被接受，如图7-12所示。

4）理解效应——事实的说服力。运用理解效应的基本原理就是帮助消费者找出他们购买商品的动机，并将产品与此动机直接联系起来。有时消费者并不清楚该产品会给他们带来什么好处，可以在广告中强调商品某方面功能的重要性。对于横幅广告来说，应注意的是选材的精炼，如图 7-13 所示。

图 7–11　情趣效应

图 7–12　情感效应

图 7–13　理解效应

5）记忆效应——品牌的亲和力。网络广告只是营销战略的一小部分。广告无法真正卖掉这个产品，而只能吸引潜在购买者的兴趣，以便向他们提供更详尽的产品介绍材料。广告可以在推销这个产品时将产品背后的公司一起推销出去，即利用树立公司的威信来让消费者对产品也产生信心。

另外，从心理学效果看，知道的事物比陌生的事物更能博得人们的信任。而这正是强调品牌的原因之一。广告在不同媒体上信息传达的统一性战略，就是为了建立这种熟悉感。

利用对企业形象的突出和强调能够唤起人们对已经认可的事物的再度认可，也是一种提高广告效果的方法，如图 7-14 所示。但是，由于各种媒介之间的差异性，在传达同一信息时又必然各有特色。在网络广告中，对于品牌的过分宣传会降低网友的好奇心，从而影响点击率，这其中的利弊得失，需要权衡。

图 7-14　记忆效应

6）社会效应——文化的影响力。中国是一个历史悠久的国家，几千年的古老文化传统，塑造了中国人所特有的价值观和审美观。

中国人对于家庭的观念是比较特殊的。西方人比较注重个人的满足，而中国人更注重天伦之乐。在家庭关系上，父母不仅仅是生育子女，而且几乎把自己的全部心血都倾注到子女身上。这种父母与子女的骨肉之情很容易使人们在感情上产生共鸣。因此，广告越来越多地把父母与子女的情感运用于其中。

中国人眼中的“家”是一个较完整的群体，一个由父母、兄弟、子女甚至于亲友组成的，更易表现为唯情主义。

此外，中国漫长的五千年历史中，形成了独特的文化特色，将这种特色应用在网络上，既熟悉又新鲜，总能起到很好的效果，如图 7-15 所示。

图 7-15　社会效应

7）机会效应——利益的诱惑力。机会效应是指在网络广告中告诉网友，点击这则广告可以获得除产品信息以外的其他好处，而不点就会失去。因为点击网络广告需要网友付出时间和经济上的代价，所以给他们一种付出会有收获，而不付出就会有所丧失的感觉十分重要，通常表现为“奖”、“礼”，或者“免费”等。

利用机会效应，提高广告的机会价值是提高广告点击率行之有效的方法，如图 7-16 所示。

图 7-16 机会效应

8）行为效应——点击的召唤力。根据康斯托克的心理模式，对一个行动的特定描述可能导致学习那个行动，对个人来说，这种描述越是显著（即这一行动在个人所看到的全部广告中越突出），就越具有激发力，如图 7-17 所示。所以，网络广告可以通过对特定行为的描述来引导别人点击。

图 7-17 行为效应

大家应该将传统的设计原则、广告的经验与网络特色结合在一起，发展这种新的广告形式，让网络广告早日焕发出它应有的光彩。

7.3 网络广告的表现手法

从广告表现手法来看,网络广告的传播界面非常丰富多彩。它可以充分调动文字、声音、影像、动画、色彩、音乐等诸多手段,几乎集电视、报刊、广播等所有传统媒体的优点于一身。可在 24 小时内不间断地传播信息,对任何年龄和文化层面的浏览者都会带来强烈的视觉冲击。

1. 互动式表现手法

互动式广告出现在网络广告中,比弹出式广告与浮动式广告更富人性化,其界面与创意设计风格得到人们青睐。互动式广告充分尊重受众的选择权与主动性,通过富于创意的广告形式吸引受众主动地去逐步点击广告内容,增强了受众对商品或服务的好感与亲和力。互动式广告的应用范围较广,从具体商品的营销到品牌形象的塑造,到公益事业都可采用这种别开生面的形式,如图 7-18 所示。

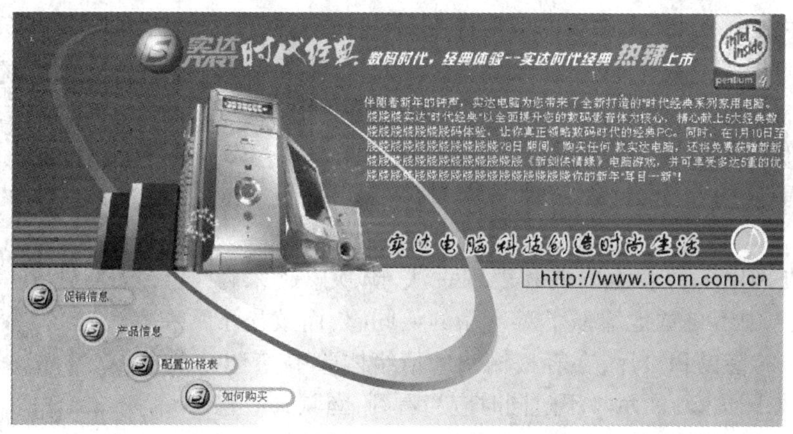

图 7-18　互动式广告

例如为了吸引更多人观看网络广告甚至将其内嵌于自己的网站当中,Google 正在测试一项新的服务名为“酷件广告”(Gadget ads)的广告格式。酷件广告允许企业制作出包括音频、视频、游戏在内的广告,看上去有点像网页当中的一个小网页,其中一则是尼桑汽车的广告,用户在其中键入美国邮政区号即可获得当地的交通状况信息。广告主可以通过酷件广告获得关于用户的详细数据信息,例如广告的浏览次数、独立访问量、交互次数等。Google 声称,0.3%的酷件广告用户与其发生了互动。对于用户来说,酷件广告的一大好处是不必点击广告至另外一个网站。例如,一个天气酷件广告可以及时更新特定地区的天气预告。广告商利用这种特性可以设计出更多实时吸引用户的广告形式出来。

2. 意境式表现手法

意境是中国传统美学思想的重要范畴,在传统绘画中是作品通过时空景象的描绘,在情与景高度融汇后所体现出来的艺术境界。意境的构成是以空间景象为基础的,画家通过富有启导性和象征性的艺术语言和表现手法显示时间的流程和空间的拓展,给欣赏者提供了广阔的艺术想象的天地,使作品中的有限的空间和形象蕴含着无限的大千世界。广告创意中同样能够运用意境式表现手法利用简短的时间表达丰富的创意思维,如图 7-19 所示。

图 7-19　意境式表现手法

3. 幽默式表现手法

幽默是生活中一种不可缺少的精神食粮，幽默式广告语是充满着智慧和想象力的一种有趣的或可笑的语句。幽默式广告语的特征之一，就是令人发笑，使人觉得有趣。幽默式广告语被人们广泛使用，原因主要是人类的心理需要轻松、开朗。因此，这种幽默式广告语常常具有感人的吸引力，能够使人们对广告产品产生浓厚的兴趣。

图 7-20　幽默式表现手法

现代广告采用多种表达方式和表现手法，幽默感越来越强，人们在笑声中不自觉地增强了对产品的认同感，而放松了对广告的本质的警惕和排斥，在轻松愉快的情绪体验中，产生深刻的印象，如图 7-20 所示。不过同时应当看到，幽默式广告在实际应用时，最大的问题是幽默尺度较难把握。同样的一则幽默广告，某些人群会感到乐不可支，另一些人群可能会认为是低级趣味，甚至有人还会产生厌恶。因此，幽默广告需要把握合理的度。

4. 留白式表现手法

“留白”一词源于中国画，是绘画中的一种构图方式或技法。具体指在构图时，预留部分空间不着笔墨而保留纸面本色，后来，这种形式上的“留白”发展为思想表达上的预留。它通过预先设计的画面构图，用黑与白、实在与虚空、确定与未知的对比来引导观众去领略作者的创作激情和目的所在。这种意味深长的布局给人宽广的思索范围，充满“暗示”的表达方式，以最简明的程式承载最精致的情感，让所要表达的内容含而不露，能达到“此时无声胜有声”的静态效果，让人心领神会，回味无穷，如图 7-21 所示。

留白广告策略于今天的广告人已见怪不怪了，大面积的版面空白，一行依偎在边框或蜷缩在一角的广告文字，不但没有浪费版面，反而倍加引起读者注意力，使发布的广告能够在浩繁的媒体广告当中脱颖而出。

广告版面上采用大量留白手法，可以让图文更加突出和美观，品牌形象也更加鲜明。在任何一个平面中，留白量的多与少，直接影响着人们的记忆程度。好的广告，皆是把大量的空白留给消费者，将消费者的联想带入广告中，完成二度创作。

图 7-21 留白式表现手法

如果消费者对产品的特性已经有了一定的了解，而整体的广告策略也只是为了树立产品或企业的品牌形象，那么留白手法就可以发挥较大的作用。但如果推广的对象是一个新产品，性能、特点、功效等基本信息都还不广为人知，那么还是多用一些笔墨来介绍它为好，否则只会让消费者一头雾水，达不到促进销售的目的。

5. 玄虚式表现手法

广告贵在创意，有创意，才有魅力。玄虚式表现手法就是高吊胃口，制造悬念，有意隐去其“庐山真面目”，延长人们对广告内容的感受时间，诱导人们带着疑问弄个明白，迫不及待想早点看到“谜底”，为以后加深广告印象打下伏笔，如图 7-22 所示。

图 7-22 玄虚式表现手法

运用此法要注意的是：切忌噱头玩得太过，否则不仅不会引发受众的好奇心，反而会造成对产品诚信形象的伤害。保险的做法是：在玄虚过后，把实在的广告信息传递给受众。

有创意的广告，才是有生命力的投入，才会有回报。大家应当认真地研究广告创意的手法、手段、技巧等，只有创意度高的广告作品才能在浩瀚的信息海洋中脱颖而出，才能吸引受众日渐挑剔的注意力，最终促成消费者的购买行为。在抽象概念具像化的广告创意过程中，创新性地运用语言，精致、巧妙地进行信息建构，多手法的运用表现形式，广告作品才能在激发人们审美动机和关注，产生购买欲望，实现广告传播的目的。

7.4 网络广告的设计

网络广告设计制作是一件复合性较强的事，它需要美术设计和电脑处理方面的技能。从具体制作的角度上看，往往也需要多种软件的配合使用。无论是网页设计制作或者是网页中的广告制作，通常都是利用一些应用工具软件来完成的。在制作过程中，要用到图形图像处理方面的软件、网页动画的设计生成软件、网页制作软件等各种各样的工具软件。

7.4.1 片头动画设计

片头动画是目前网络中广告的常见方式，由于一般公司制作片头动画都是为了能让浏览者在进入网站之前就对该公司有个大致的了解，因此，片头动画的内容比较丰富，画面效果比较美观，但随之而来的就是文件量普遍较大。

能够制作片头动画的软件较多，常用的就是 Flash。下面通过一个简单的片头动画来说明制作过程。

【例 7-1】 片头动画设计案例。

1. 案例效果

案例效果如图 7-23 所示。

图 7-23 案例效果

2. 案例制作步骤

由于篇幅限制，在此处只对整个动画的制作流程做大致的介绍。

1）启动 Flash，新建一个文件大小为“800 × 400”像素，背景色为黑色，其他保持默认设置，如图 7-24 所示，保存文件，命名为“片头 . fla”。

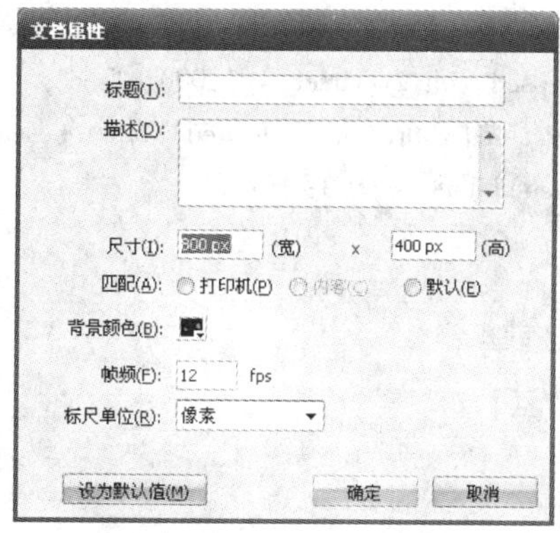

图 7-24　新建页面属性

2）制作 Loading 部分，该部分由 4 个层构成，分别为 Loading 层、Loading1 层、Loading2 层和 stop 层构成，完成效果如图 7-25 所示。在这里需要注意的是，将该动画发布到网上以后需要有段加载时间，本部分就是为了解决加载速度显示而制作的。

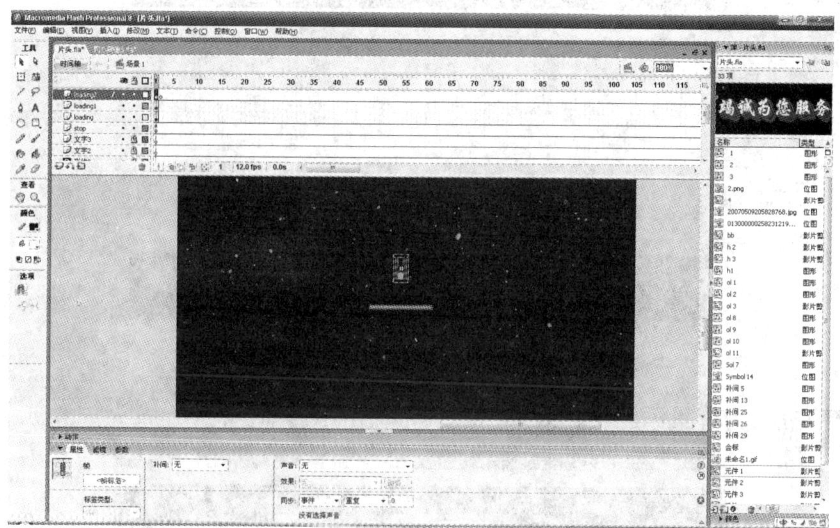

图 7-25　Loading 部分

其中，表示加载进度的代码段添加在 Loading1 的影片剪辑上，具体代码如下所示：

```
onClipEvent (enterFrame)
{
    if (_root.getBytesLoaded() != _root.getBytesTotal())
    {
        loaded = _root.getBytesLoaded();
        total = _root.getBytesTotal();
        rate = loaded / getTimer() * 1000;
        _root.txtPercent = Math.round(loaded/total * 100) + "%";
        _root.txtLoadingRate = int(rate) + "bps";
        _root.txtLoaded = int(loaded/1000) + "kbytes";
```

```
        _root.txtRemained = int((total - loaded)/1000) +"kbytes";
        _root.txtTimeElapsed = int(getTimer()/1000) +"sec";
        _root.txtTimeRemained = int((total - loaded)/rate) +"sec";
        this._xscale = loaded/total * 100;
    }
    else
    {
        _root.gotoAndPlay(2);
    }
}
```

另外,stop 层没有任何对象,就是在帧上添加了一个代码段“stop();”。

3）新建背景层,制作背景层动画,该层动画效果首先是一个旋转的线条,然后线条往两边拉开,形成一个白色的背景区域,播放后效果如图 7-26 所示。

图 7-26　添加背景层效果

4）新建花层,为背景添加飞花效果,如图 7-27 所示。

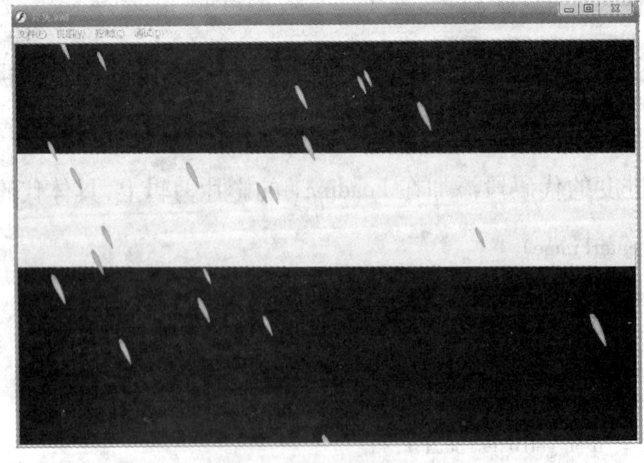

图 7-27　添加飞花效果

5）添加进入网站层,作为跳过动画,直接进入网站的超级链接,效果如图 7-28 所示。需注意的是,这里的文字部分要转换为按钮,且对按钮添加如下代码。

图 7-28　进入网站层

```
on (release) {getURL("http://www.xinyuan.com","_blank");
}
```

6）添加背景图片，效果如图 7-29 所示。

图 7-29　添加背景图片

7）制作 Logo 动画，效果如图 7-30、图 7-31 所示。

图 7-30　Logo 动画效果 1

图 7-31　Logo 动画效果 2

8）添加集团展示图片，效果如图 7-32 和图 7-33 所示。

图 7-32　展示图片 1

图 7-33　展示图片 2

9）制作定格效果，如图 7-34 所示，在最后一个帧上添加代码段“stop()；”，使得画面定格在这一帧。

图 7-34 定格效果图

7.4.2 图标广告设计

图标广告的实现比较简单，它的原理就是在一张图片上加上一个超级链接到其他页面。从图片上建立链接的过程可以简单的用 Flash 或 Dreamweaver 等网页制作软件实现。

【例 7-2】 图标广告设计案例。

1. 案例效果

案例效果如图 7-35 所示。

当把鼠标放置于该动画时，鼠标会变成手型，表示有链接。

图 7-35 案例效果

2. 案例制作步骤

1）启动 Flash，新建一个大小为“200 × 155”像素的文件，其他设置保持不变，如图 7-36 所示，保存文件，命名为“tubiao. fla”。

2）选择文件菜单下面的“导入”→“导入到库”，将之前做好的图标导入库中，效果如图 7-37所示。

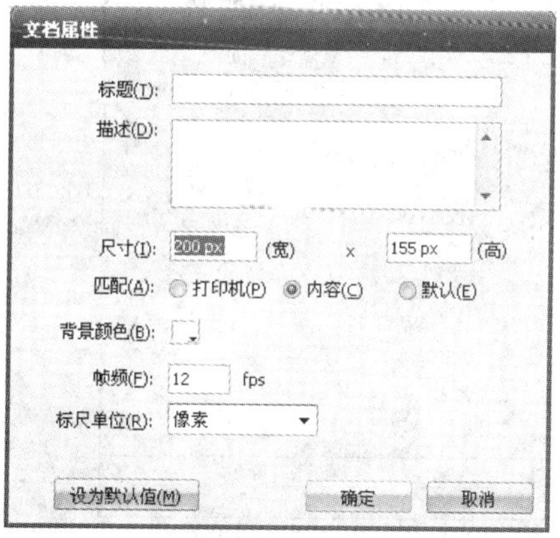

文档属性
标题(T):
描述(D):
尺寸(I): 200 px (宽) x 155 px (高)
匹配(A): 打印机(P) 内容(C) 默认(E)
背景颜色(B):
帧频(F): 12 fps
标尺单位(R): 像素
设为默认值(M) 确定 取消

图 7-36 新建窗口

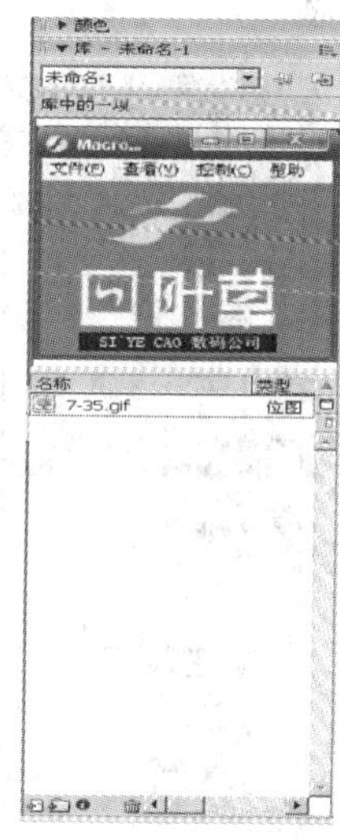

图 7-37 将图标导入到库

3）将导入的图片拖动到场景中，在属性面板上设置其 X、Y 坐标均为 0，效果如图 7-38 所示。

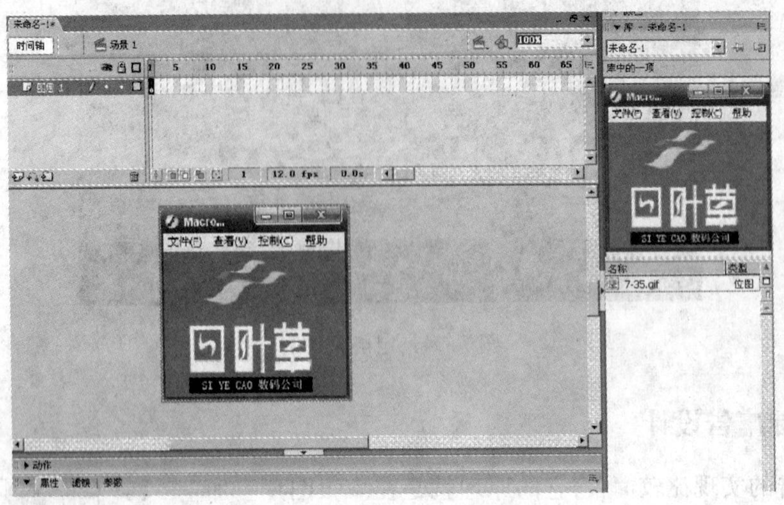

图 7-38　将图片放入场景中

4）选择图片，单击“修改”→“转换为元件”，从弹出的对话框中设置转换为按钮元件，设置如图 7-39 所示。

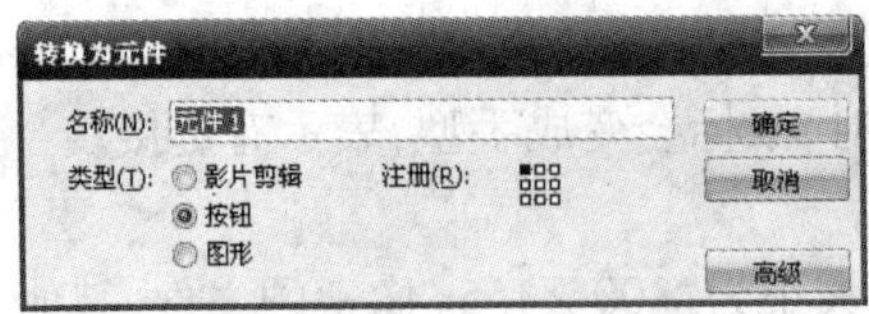

图 7-39　转换为元件设置

5）选择场景中的按钮实例，打开动作面板，在动作面板中添加图 7-40 所示超链接代码段，然后保存动画。

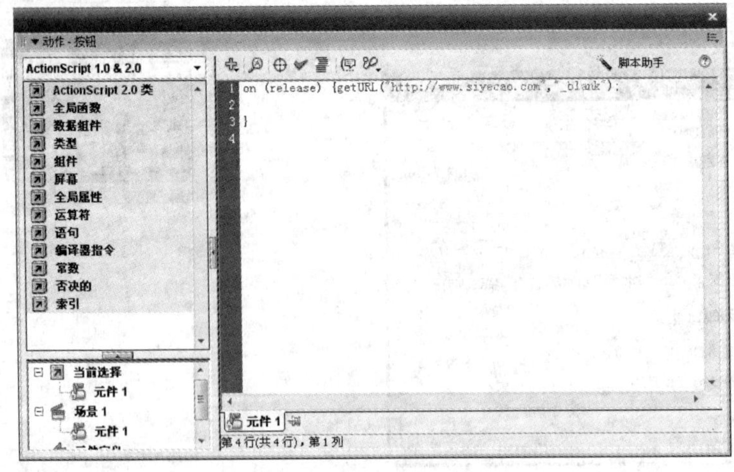

图 7-40　添加超链接代码段

6）按下〈Ctrl + Enter〉组合键运行动画，即可得到本案例的效果，源代码参见 tubiao. fla。在以后需要使用该图标动画的地方将“tubiao. swf”添加进去即可实现任意网页到四叶草网站的超链接。

7. 4. 3　Banner 广告设计

Banner 可以位于网页顶部、中部、底部任意一处，但是横向贯穿整个或者大半个页面的广告条。它是互联网广告中最基本的广告形式，尺寸一般是“480 × 60”像素，也可以有其他尺寸，可以根据页面设计时所预留的尺寸设计。Banner 广告一般是使用 GIF 格式的图像文件，可以使用静态图形，也可用多帧图像拼接为动画图像。

Banner 广告的设计软件较多，可以使用 Flash、Flash Intro and Banner Maker，Ulead GIF Animator、ImageReady 以及 Fireworks，在本章后面的网络广告案例中就是使用 Flash Intro and Banner Maker 来制作的 Banner 动画，因此这里不再赘述。

7. 4. 4　弹出式广告设计

弹出式广告的实现原理也比较简单，就是在页面上再加载一个窗口。弹出式广告分为两种，一种是在页面显示的时候弹出，另一种是当离开页面的时候弹出。不论是哪种，实现的方法都很简单，利用 Dreamweaver 就可以轻松实现。

【例 7-3】　弹出式广告设计案例。

1. 案例效果

案例效果如图 7-41 所示。

图 7-41　案例效果

2. 案例制作步骤

1）新建一个页面，设置页面属性如图 7 - 42 所示。左边距、上边距为 0 ，保存为“hua. html”。

2）在页面中插入图片如图 7-43 所示，在这里，也可以插入文字、动画等，根据实际情况进行设置。

3）打开需要添加弹出式窗口的页面，在标签选择器中选择 <body> 标签，如图 7 - 44 所示。

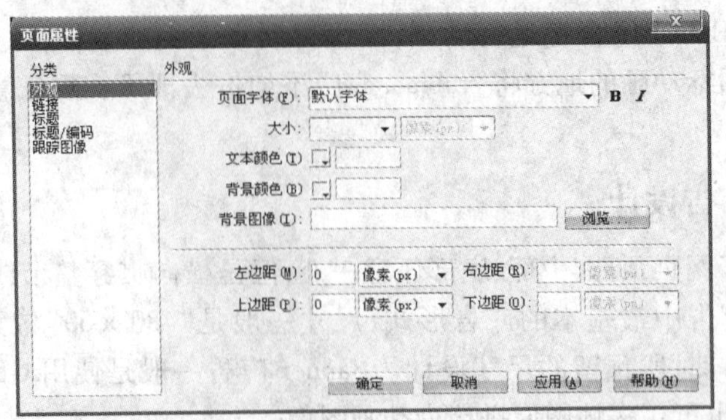

图 7-42 新建页面

图 7-43 插入图片

图 7-44 选择 body 标签

4）打开行为面板，点击“+”按钮添加行为，如图 7-45 所示，选择“打开浏览器窗口”行为。

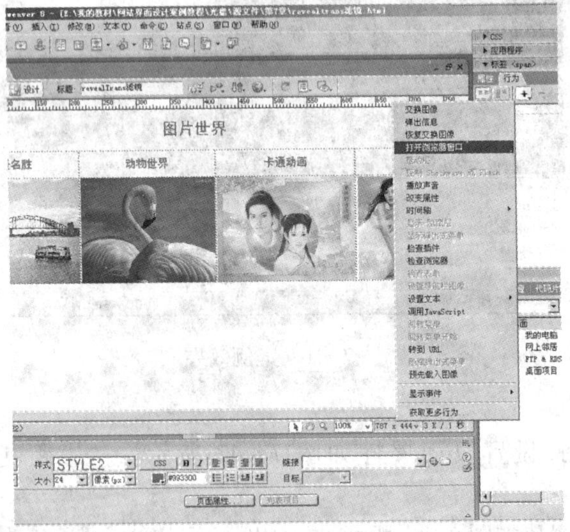

图 7-45 添加“打开浏览器窗口”行为

5）从弹出的窗口中设置要显示的 URL 属性，如图 7-46 所示。

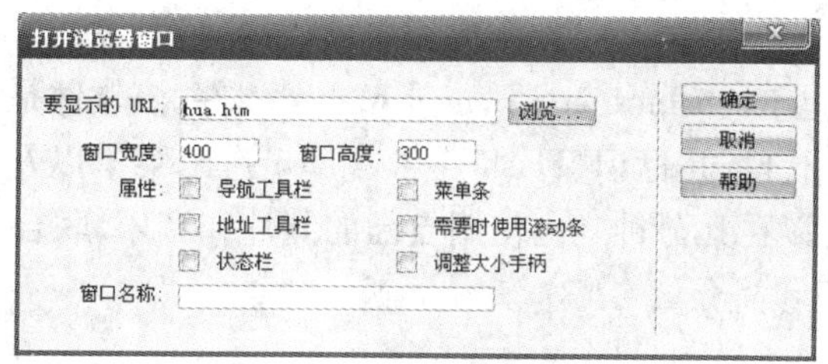

图 7-46　打开浏览器窗口设置

6）按下〈F12〉键，在浏览器中预览效果，即可得到弹出式广告。

在这里，通过这种方法直接得到的弹出式广告属于第 1 种，也就是在打开页面的时候弹出。此时，行为面板上的设置如图 7-47 所示。

如果想要得到第 2 种弹出式广告，也就是离开页面时弹出，需更改其设置如图 7-48 所示。

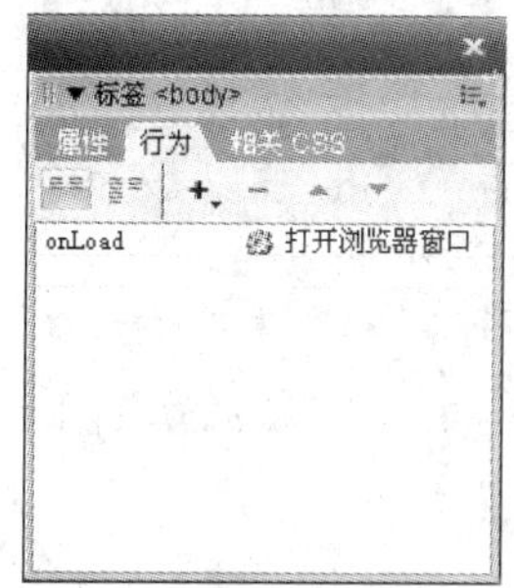

图 7-47　行为面板设置 1

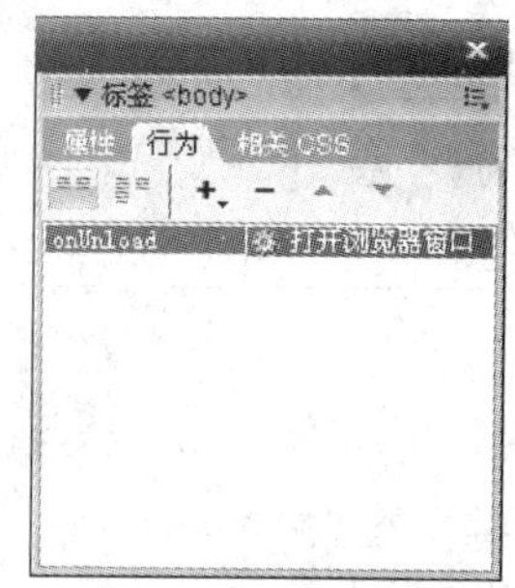

图 7-48　行为面板设置 2

7.5　网络广告的案例——四叶草公司网站广告设计与制作

1. 案例效果

图 7-49 和图 7-50 所示为首页 Banner 广告效果和二级页面 Banner 广告效果。

图 7-49　首页 Banner 动画效果

图 7-50　四叶草公司二级页面 Banner 动画效果

2. 案例目标

本案例通过对四叶草数码公司首页的 Banner 动画以及二级页面 Banner 动画设计与制作，

掌握网络广告的设计方法和设计要素，并掌握相关软件的使用方法。

本次案例中使用的是 Flash Intro and Banner Maker 软件，该软件是一款可以帮助设计者制作和设计动画 Flash 介绍、Flash 标识、Flash 广告、Flash 弹出菜单以及任何其他 Flash 动画的 Flash 文本效果工具。可以在几分钟之内使用自己的照片和音乐，联合它们和动画文本以创建看起来专业的广告、标识和简介。

3. 操作步骤

1）启动 Flash Intro and Banner Maker 软件，其界面如图 7-51 所示。

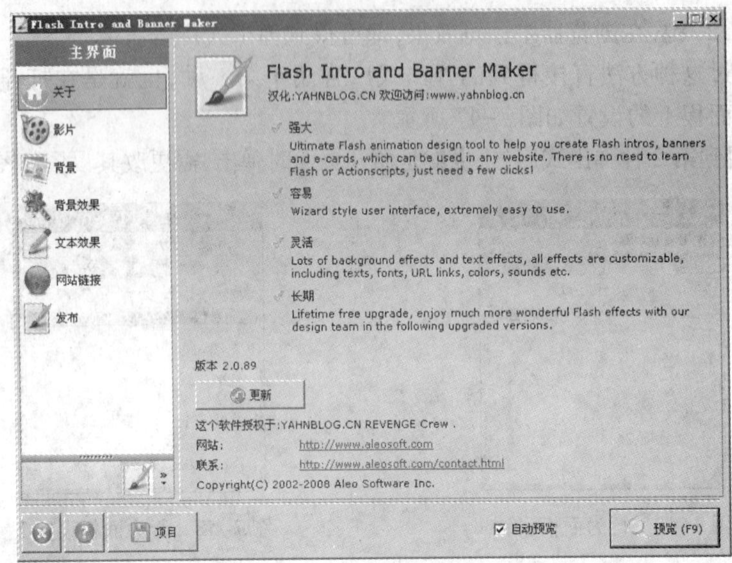

图 7-51　软件界面

2）选择影片菜单，设置影片大小为“581 ×126”像素，帧率为 24，无边界，无背景声音，效果如图 7-52 所示。

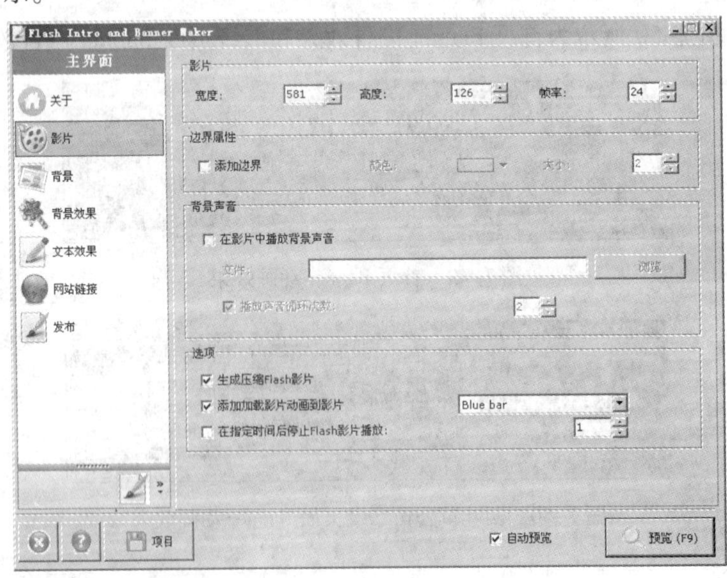

图 7-52　设置影片属性

3）选择背景菜单，设置背景类型为背景图片和 Flash 动画，单击 弹出打开文件对话框，将制作好的背景图片放置到影片里面，效果如图 7-53 所示。

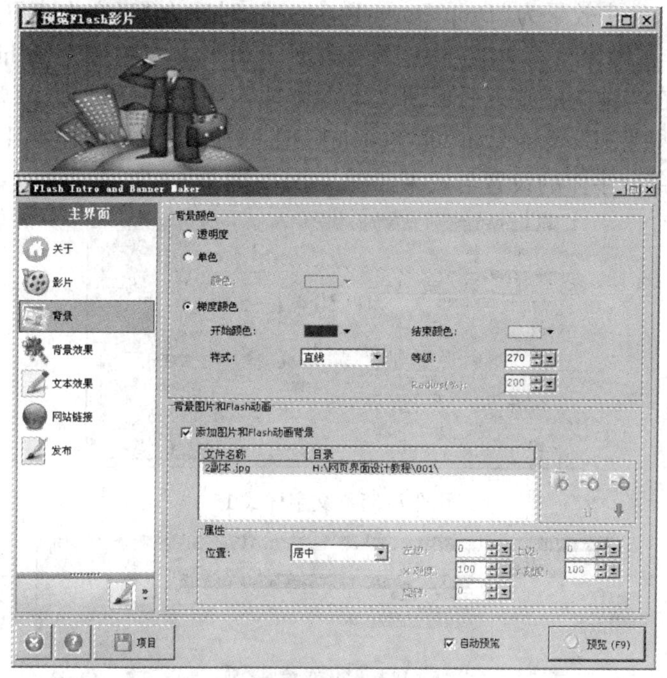

图 7-53　设置影片背景

4）为页面添加背景效果，设置背景效果为 Gloss Wave，保持默认参数，若大家对背景效果不满意，可以通过调整参数来调整动画效果。处理完成的效果如图 7-54 所示。

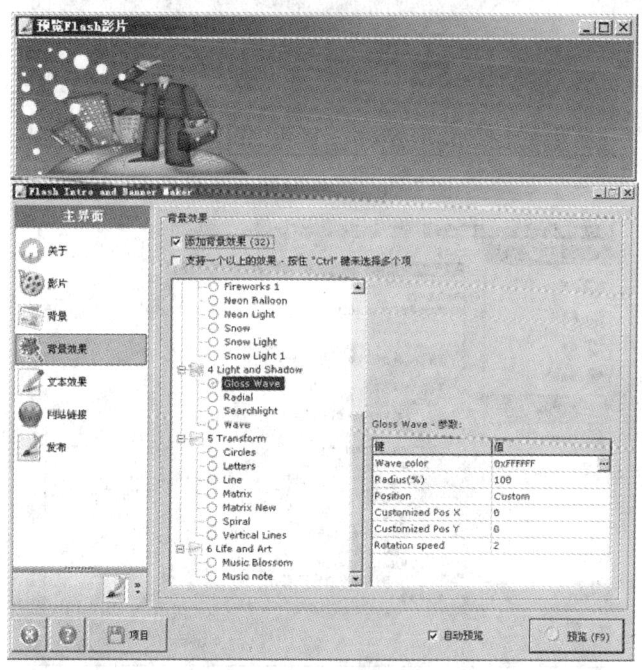

图 7-54　添加背景特效

5）在页面中间加入文字，文字内容为 4 部分，第 1 部分是“为您量身定做”，文字效果为“Blur in”，时间为“当文本离开影片时，在当前阶段结束后保留文本在影片”；第 2 部分为“诚实可信 一言九鼎”，文字效果为“Drop Down-Random”，时间为“当文本离开影片时，在当前阶段结束后保留文本在影片”；第 3 部分为“顾客就是一切”，文字效果为“Whirling”，时间为“当文本离开影片时，在当前阶段结束后保留文本在影片”；第 4 部分为“您的要求便是我们努力的一切!”，文本效果为“Blow in from left-Bottom”，时间为“当文本离开影片时，从左边到右边移除文本”。各个部分字体的设置与效果如图 7-55 ~ 图 7-64 所示。

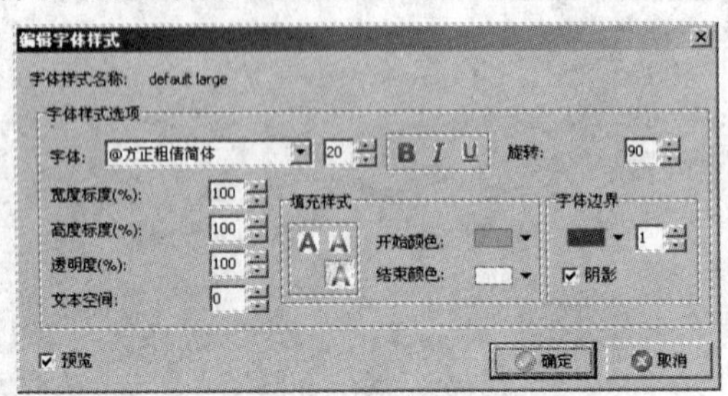

图 7-55　文字样式 1

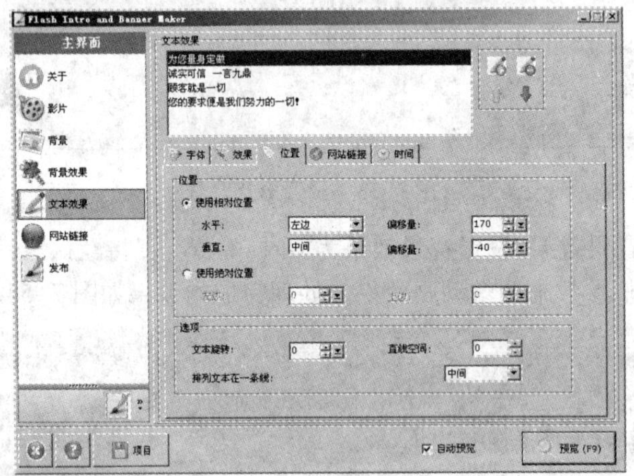

图 7-56　文字时间设置 1

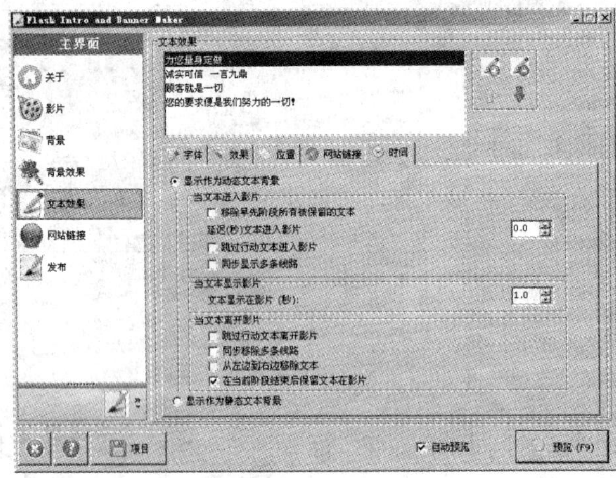

图 7-57　文字位置 1

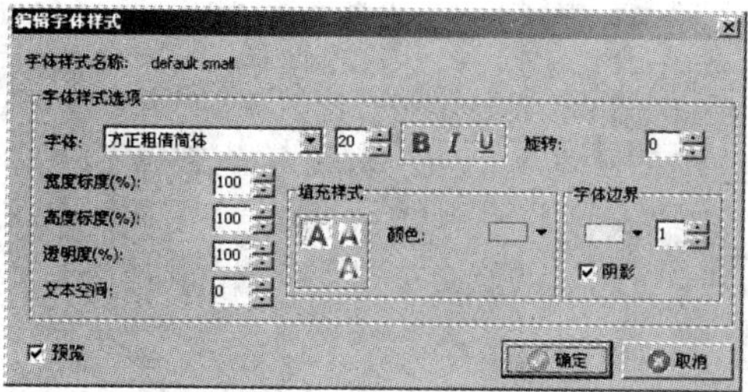

图 7-58　文字样式 2

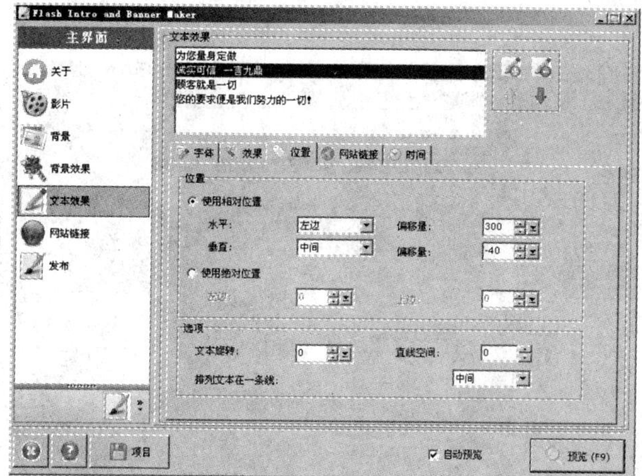

图 7-59　文字位置 2

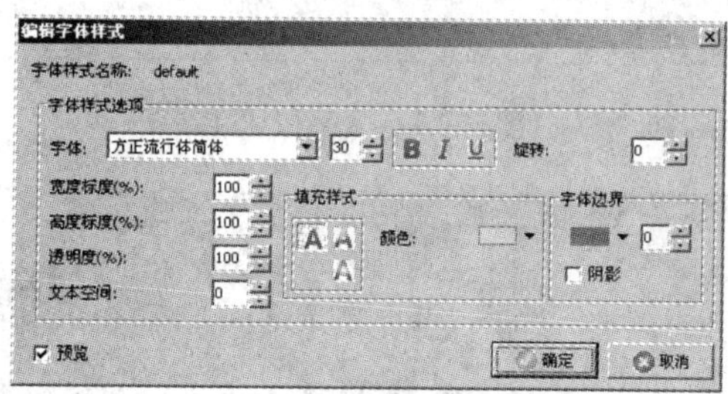

图 7-60　文字样式 3

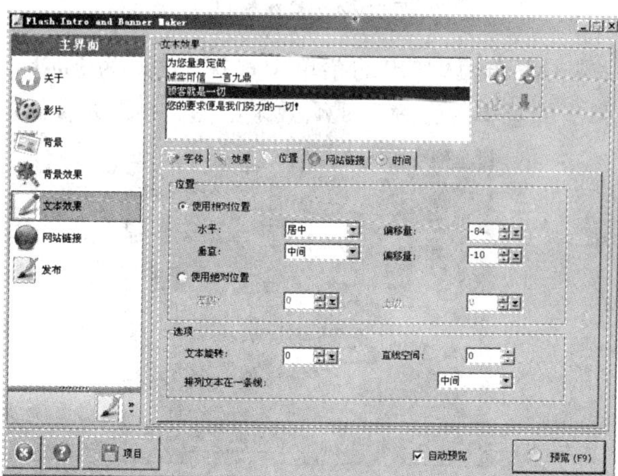

图 7-61　文字位置 3

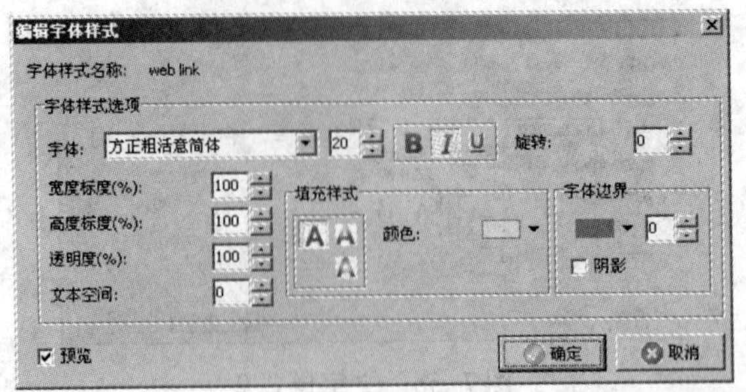

图 7-62 文字样式 4

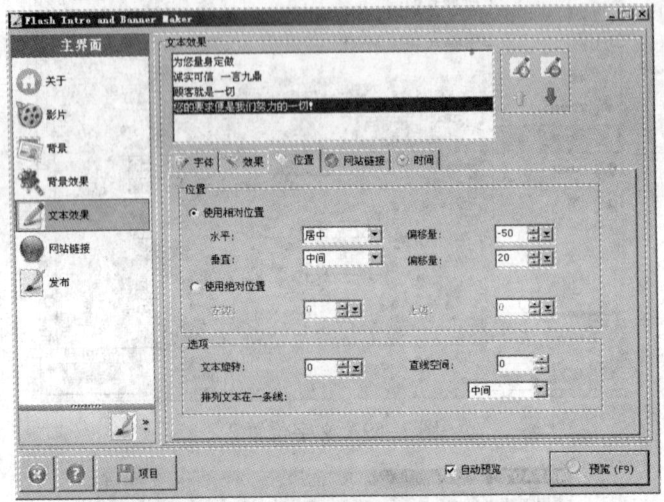

图 7-63 文字位置 4

图 7-64 最终效果

6）选择发布菜单，单击发布，从弹出的菜单中选择“发布为 Flash 影片”，单击“确定”按钮，如图 7-65所示，在弹出的菜单保存为 2. swf，效果如图 7-66 所示。

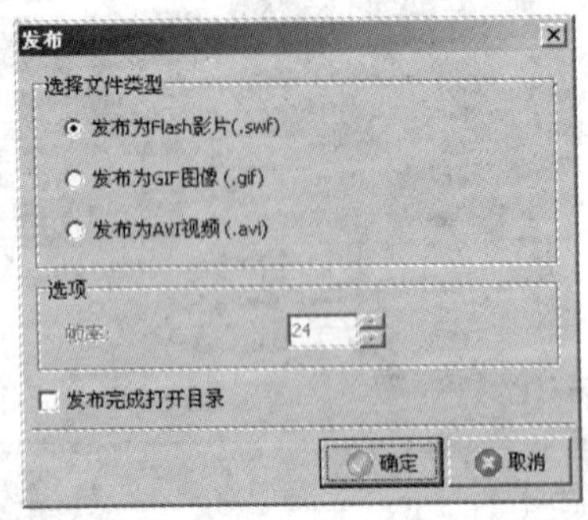

图 7-65 发布选项

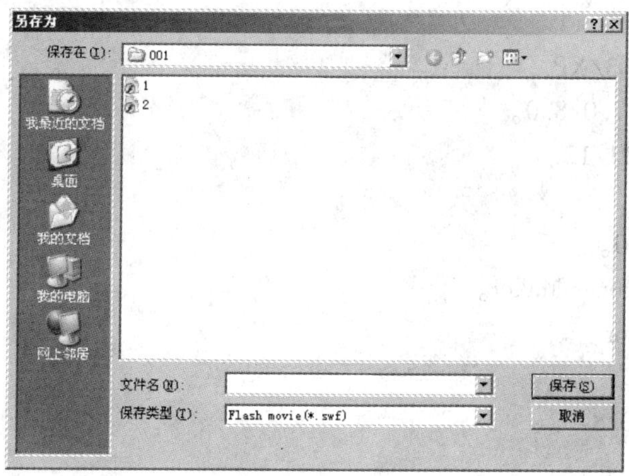

图 7-66　保存设置

二级页面的 Banner 广告动画效果制作步骤与首页 Banner 广告制作步骤基本相同,可以参考 2. ini 文件,该文件为二级页面动画的源文件,通过“项目”→“打开项目”,然后选择 2. ini 即可,如图 7-67 所示。首页动画效果源文件为 1. ini。

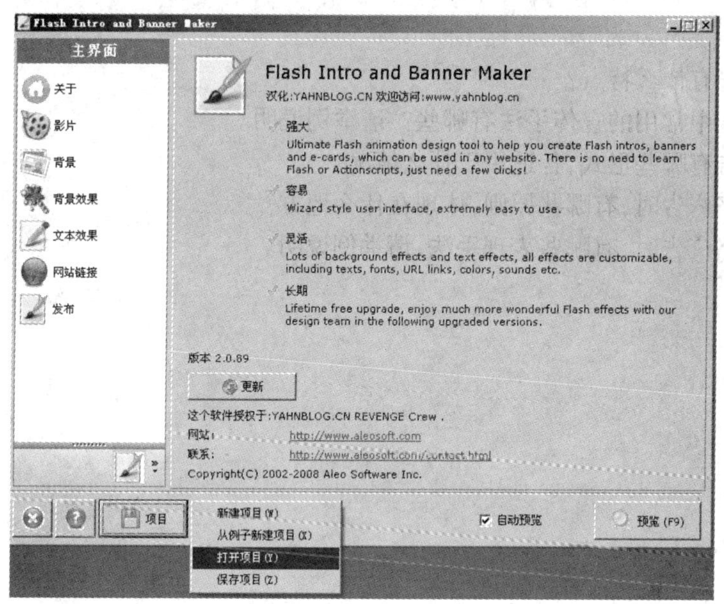

图 7-67　打开项目

7.6　实训

主题:为网站设计各种形式的广告。

实训目的:

- 了解并掌握各种网络广告形式的特点。
- 掌握用网页设计软件来制作各种形式的广告。

实训条件：

Windows 2000/2003/XP。

Dreamweaver 6.0/7.0/8.0。

CorelDRAW 9.0/11/12。

Photoshop 8.0。

Flash 6.0/7.0/8.0。

Flash Intro and Banner Maker。

Ulead GIF Animator。

ImageReady。

Fireworks 6.0/7.0/8.0。

实训内容：

- 收集资料。
- 为个人网站或者公司网站制作一个宣传的广告。
- 根据网站的内容，制作其他形式的广告。

7.7 习题

1. 网络广告有什么特点？
2. 网络广告中常用的宣传手法有哪些？请举例说明。
3. 网络广告有哪些形式，各适用于什么情况？
4. 制作网络广告时，有哪些原则，体现在什么地方？
5. 制作网络广告时，有哪些表现手法，请举例说明。

第8章　商业网站界面设计的综合案例——四叶草公司网站设计与制作

本章要点

- 商业网站设计流程
- 网站栏目、版式的设计
- 网页界面的设计与制作
- 在 Dreamweaver 中输出成为网页的方法

网页设计作为设计形式之一,也须遵循设计的一般流程。即明确设计需求、收集整理相关资料、主题创意、栏目策划、绘制草图、首页界面效果设计制作、其他页界面效果制作、生成网页、加入动画等。其中,每个阶段都不要忘了与客户进行沟通和确认。本章以四叶草设计公司首页的策划、设计与制作为例来直观展示网站界面的综合制作。

8.1　需求的提出

为四叶草公司设计网站界面。

8.1.1　客户需求分析

1. 概述

四叶草设计公司是一家以4个志同道合的朋友共同筹资兴办的设计公司,公司的宗旨是关注并引领大众消费潮流,环保装修。公司主要业务范围是室内环境艺术设计、施工管理及效果图制作。

2. 公司网站设计要求

大气、简洁、美观、大方,能够展示公司规范化的管理和面向大众的特点,在形象上重点突出公司的设计能力。

由于该公司明确提出要走大众化的设计特点,初步确定该公司网站的整体布局不宜太追求个性化和艺术化,而是采用大众喜闻乐见的形式来体现公司的整体形象。在色彩上力求平和简洁,突出健康环保的特点。

创建公司网站的目的是为了便于促进内部交流、扩大外部影响,提升公司的可信度,让更多的人了解该公司,同时公司的部分业务提供网上服务。因此公司的主要对象是需要进行中低档家庭装修的客户群、小型的室内外环境艺术设计公司。

基于此,对该网站的定位是:一个面向大众的、较为正规的商业型网站。

8.1.2　收集加工素材

在明确了客户需求后,即着手进行收集相关素材。

1）重点对网页界面的风格、版式等相关资料进行收集整理。特别是客户曾经明确表示对哪些网站的界面设计有好感的相关网站，要多加留意，以便在设计中参考。

2）收集公司用于网页制作的相关材料。如公司的设计作品、网上订单的操作流程、成功案例等图文资料，以便进行网站创意及制作时提供素材。

3）对收集到的材料进行归类、整理和预处理。对收集到的文、图资料，要分门别类地整理出来，挑选出那些真正有代表的作品或案例，对其中的图像资料进行剪裁、调色等预处理。

8.1.3 栏目设计

根据公司的业务，结合其他小型设计公司网站，确定四叶草公司网站除首页外，主要板块为施工管理、装修案例、网上订单等几个板块。网站栏目规划如下。

1. 公司业务相关栏目

根据客户的需求和相关设计网站的参考，定出公司的业务栏目为：设计群体、施工管理、装修案例、网上订单、业内动态、联系我们、装修小常识、相关链接。

2. 网站常规栏目

其他栏目为网站常规栏目，如关于我们、网站地图、收藏本站、用户登录。

8.1.4 版式初步设计

通过前面的分析定位后，就可以进行初步的版式设计。先可以画出其界面的结构框图，如图 8-1、图 8-2 所示。

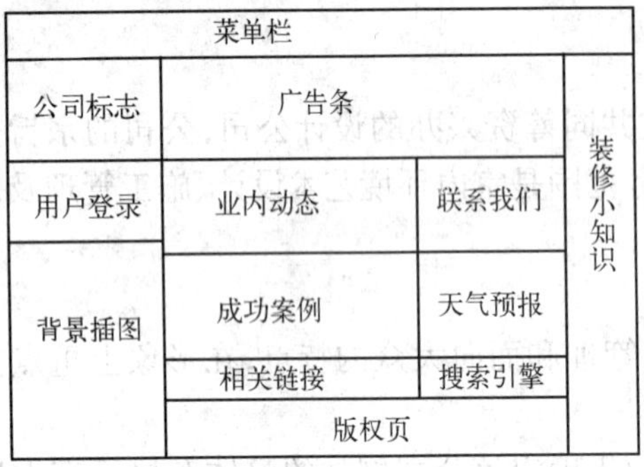

菜单栏
公司标志
广告条
装修小知识
用户登录
业内动态
联系我们
背景插图
成功案例
天气预报
相关链接
搜索引擎
版权页

图 8-1 版式框图 01

公司标志
公司名称（网站名）
菜单栏
广告条
友情链接
关于我们
设计案例
最新信息
设计项目一
联系我们
设计项目二
搜索引擎
版权页

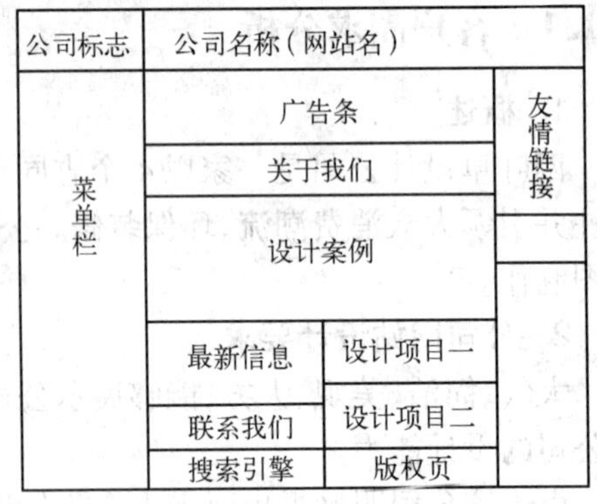

图 8-2 版式方框图 02

8.2 综合设计

8.2.1 确定版式

经过与客户沟通，最终确定以版式方框图 01 为蓝本进行网站首页的设计。于是在方框图的基础上，进一步将相关栏目进行细化，从而形成图 8-3 所示的版式结构图。

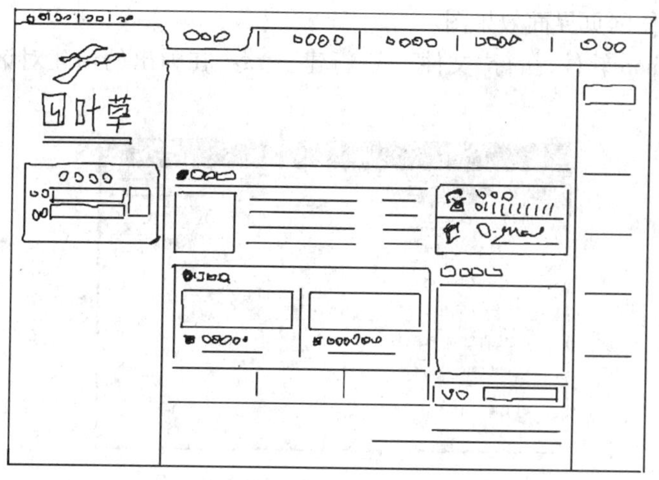

图 8-3　版式结构图

8.2.2　确定色彩

为突出公司的定位,该网站以标志的色彩为基准,在色彩上用蓝绿色调为主调子,突出健康环保的设计理念。

8.3　用 Photoshop 设计效果图

经过上述的结构框图、栏目细化等阶段后,接下来需要在相关的设计软件中制作出相应的效果图,并将保存为网站所需的格式,以备其他程序调用,如图 8-4 所示。

图 8-4　在 Photoshop 中制作网页整体效果

【例 8-1】 制作网页界面效果图。

1）打开 Photoshop 软件，执行“文件”→“新建”命令，在弹出的新建对话框中设置参数如图 8-5 所示。

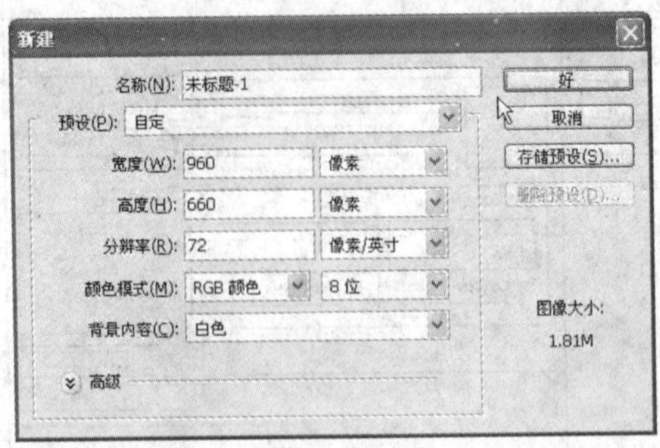

图 8-5 “新建”对话框

2）执行“编辑”→“预置”→“单位与标尺”命令，设置从“标尺”右侧的下拉列表中选择“像素”，即以像素作为标尺的单位，单击按钮“好” 以确认，如图 8-6 所示。

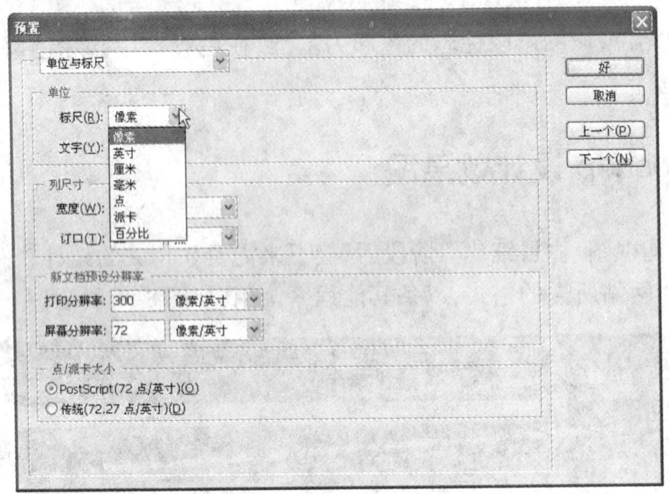

图 8-6 设置标尺单位

3）选择工具箱中的渐变填充工具，再单击工具选项栏上的渐变色块，将弹出渐变色编辑器，如图 8-7、图 8-8 所示。

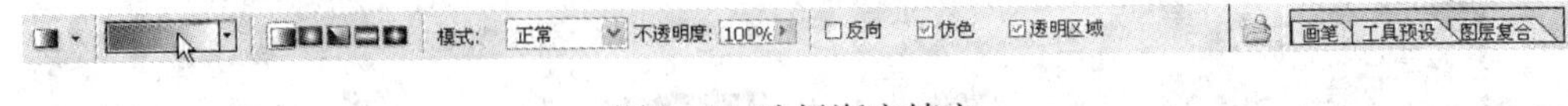

图 8-7 选择渐变填充

4）选中图 8-8 左下角的颜色桶，在“颜色”处单击颜色块，将弹出图 8-9 所示的拾色器，设置其颜色为“#007FAE”。

5）用同样的方法设置渐变条右下角的颜料桶色值为“#96CF96”，如图 8-10 所示。设置好后，单击渐变编辑器上的按钮“好”，回到视图界面。

6）在渐变填充选择栏中，选择渐变方式为线性渐变，如图 8-11 所示。按住〈Shift〉键在图像中自上而下地拉出渐变色，如图 8-12 所示。

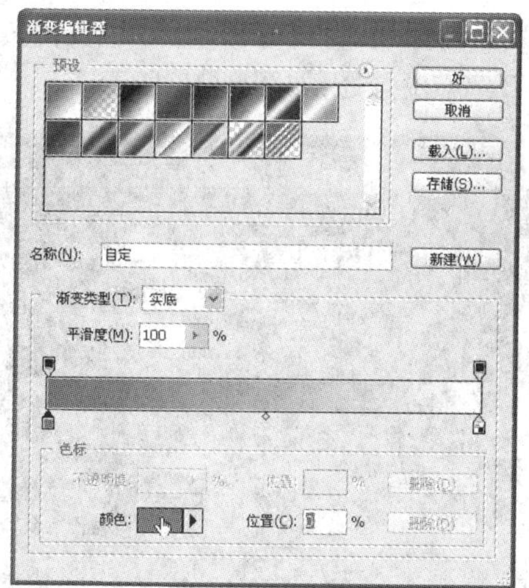

图 8-8　设置渐变填充颜色

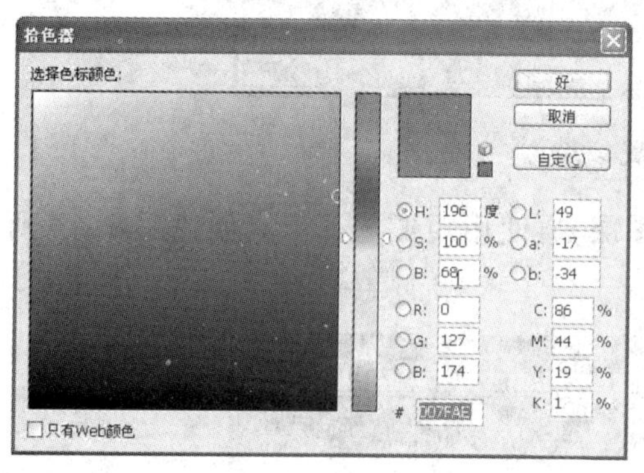

图 8-9　设置颜色

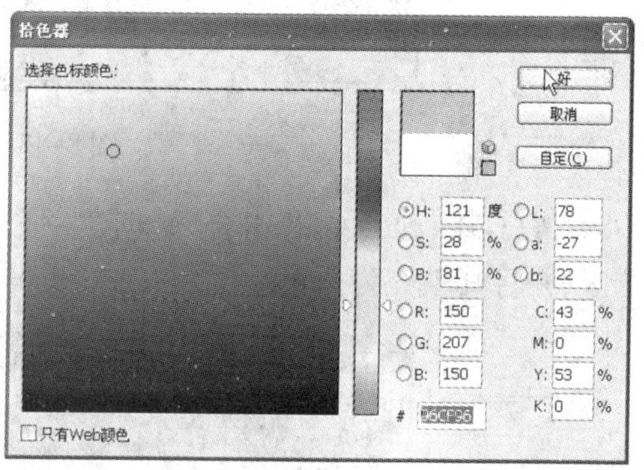

图 8-10　设置另一端的颜色

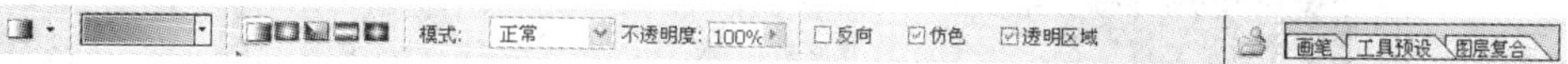

图 8-11　选择线性渐变方式

图 8-12　自上而下拉出渐变色

7）使用〈Ctrl + R〉组合键调出标尺，将鼠标移动标尺上，再按住鼠标左键可拖出参考线，将参考线分别设置在“230、950、70”位置处，如图 8-13 所示。

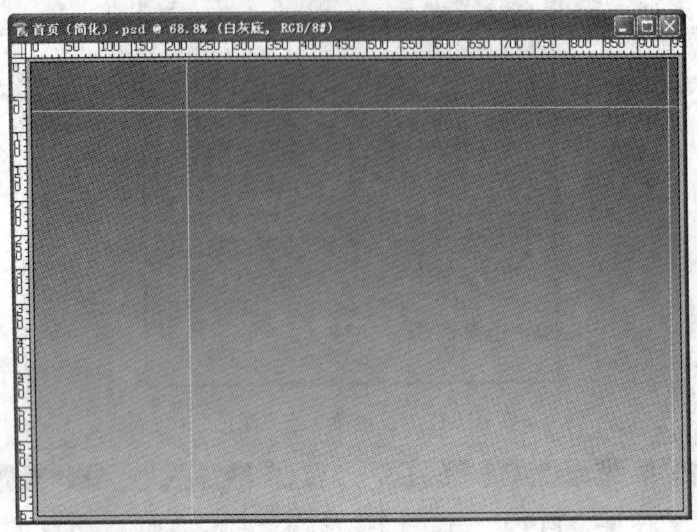

图 8-13　设置参考线

8）按〈Ctrl + Shift + N〉组合键，创建一个新图层，再使用矩形选择工具创建图 8-14 所示的选区，并将其填充为白色。

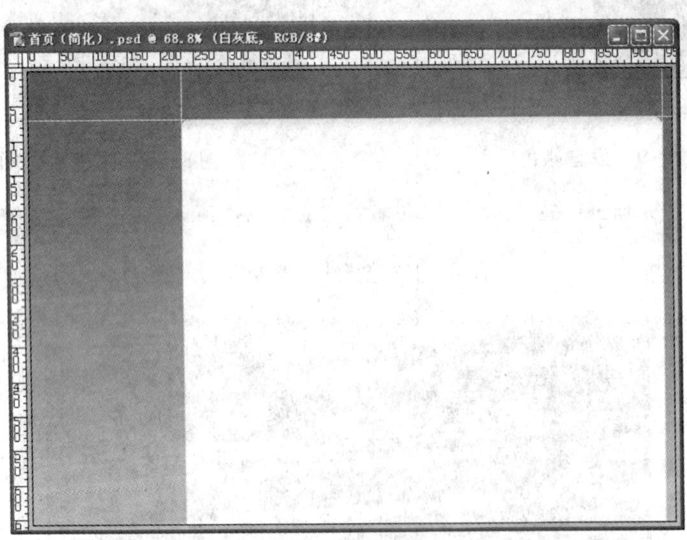

图 8-14　填充白色背景

9）用矩形选择工具在顶部颜色块的 1/3 处作横向选区，使用值为“#003A6A"的颜色进行填充，将其填充成一块深蓝色的区域，如图 8-15 所示。

10）执行“文件”→“打开”命令，将前面所作的网站标志打开，并复制到当前网页界面中。使用〈Ctrl + T〉组合键对其进行大小等进行变换，放置到图 8-16 所示的位置。

11）选择工具箱中的文字横排工具，设置字体为黑体，颜色为白色，输入公司名称“四叶草”，再在其下方输入“四叶草”的拼音字母及设计公司字样，如图 8-17 所示。

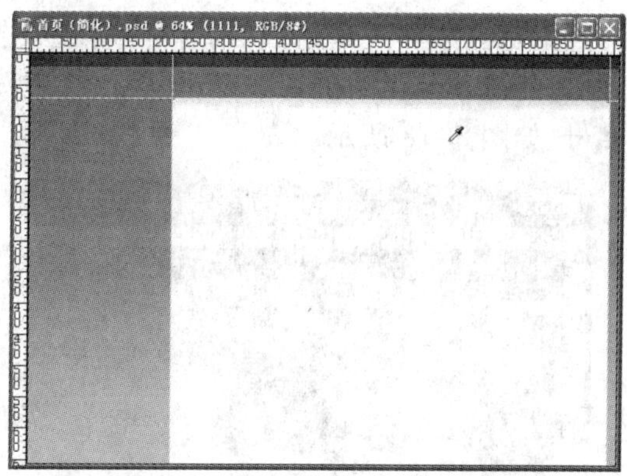

图 8-15　设置顶部深色区域

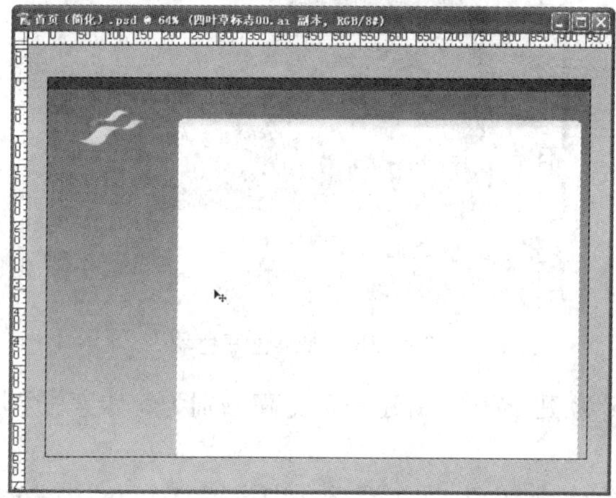

图 8-16　放置标志

图 8-17　输入文字

12）按〈Ctrl + Shift + N〉组合键，创建一个新图层。再使用矩形选择工具创建如图所示的选区，并将其填充为黑色，刚好能遮住公司的拼音字母，再将该黑色图层放到拼音字母的下一层，以反衬出白色的拼音字母，如图 8-18 所示。

图 8-18　加黑色底色块

13）执行“文件”→“新建”命令，新建一个宽高分别为 5 像素、透明背景的图像，如图 8-19 所示。

14）使用工具箱中的铅笔工具，在工具选项中设置其大小为 2 像素，如图 8-20 所示。

15）用铅笔工具在图像的中央单击一下，得到一个小点。按快捷键〈Ctrl + A〉全选当前图像，再执行“编辑”→“定义图案”，按默认设置即可将当前图像定义成一个图案，如图 8-21 所示，然后关闭此图像。

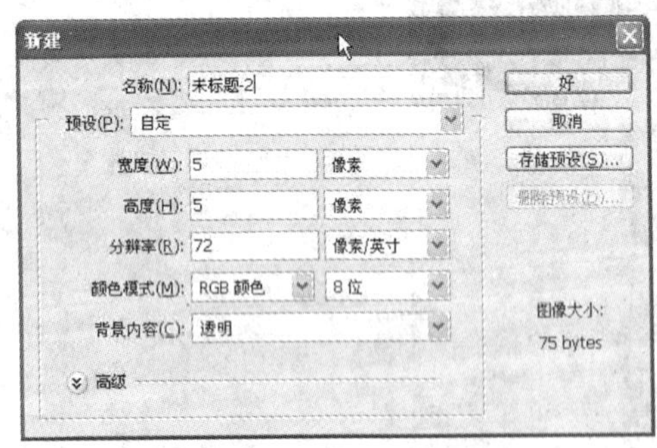

图 8-19　新建一个透明背景图像

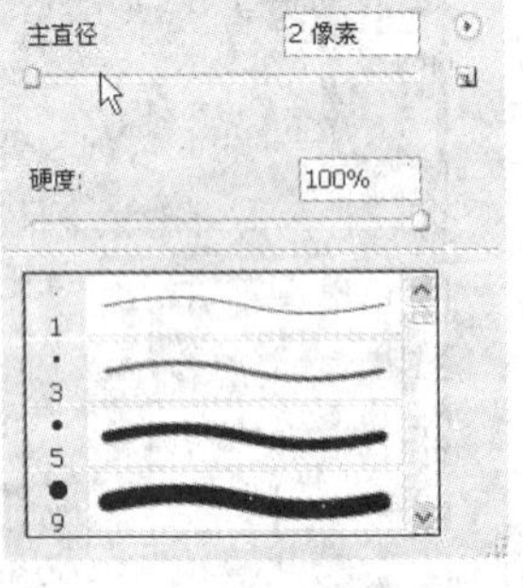

图 8-20　设置铅笔直径

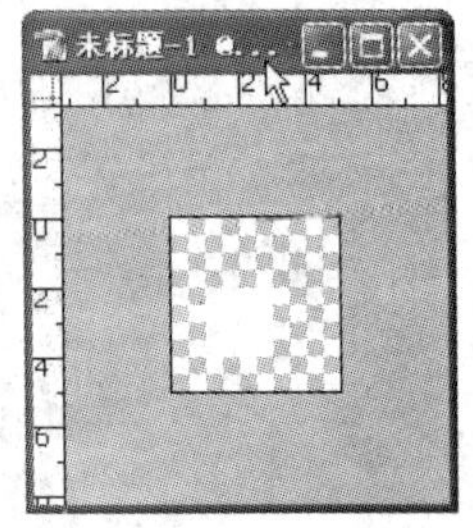

图 8-21　绘制直径为 2 像素的小白点

16）回到网页界面图像中，按快捷键〈Ctrl + Shift + N〉新建一个图层，在图 8-22 所示的位置创建一个大约为“200 × 120”像素的矩形选区。

再执行“编辑”→“填充”命令，从弹出的对话框中设置参数如图 8-23 所示，再单击按钮“好”，可以得到一个点状的背景图。

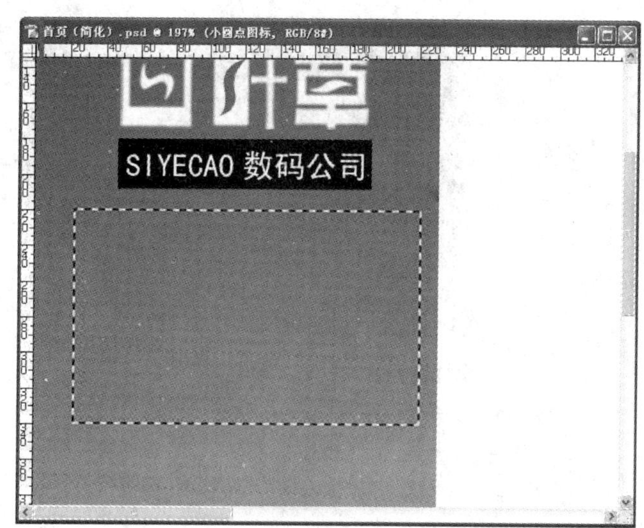

图 8-22　创建矩形选框

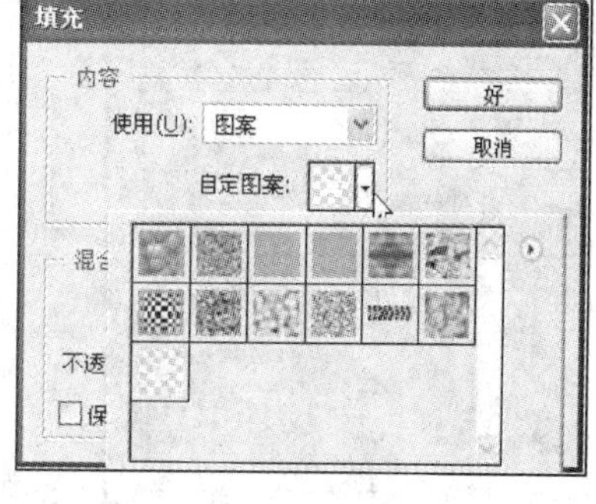

图 8-23　从列表中选择刚创建的图案

17）在此基础上，使用矩形选择工具分别创建两个矩形，并将其填充成白色。然后使用文字工具，在如图所示的位置输入“用户、密码、现在注册、登录”等文字信息，如图 8-24 所示。

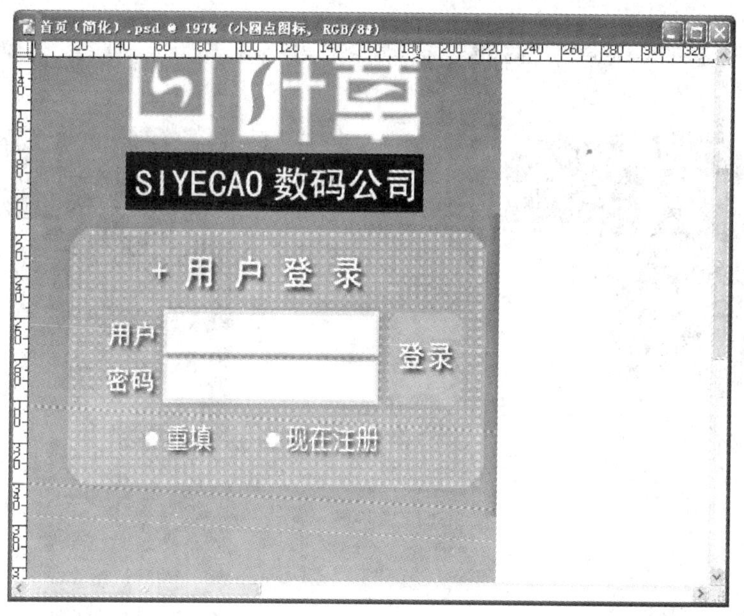

图 8-24　登录模块最终效果

18）执行“文件”→“打开”命令，打开如图所示的图像。选择工具箱中的几何套索工具，沿着建筑的外轮廓进行勾勒，将天空选择出来，如图 8-25 所示。

19）接下来按〈Ctrl + Shift + I〉组合键对选区进行反选后，再使用快捷键〈Ctrl + C〉将选区内的图像复制到剪贴板上。

回到网页界面，执行〈Ctrl + V〉快捷键，将剪贴板上的内容粘贴出来，并将其缩放到图 8-26 所示的位置。

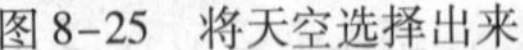

图 8-25　将天空选择出来

图 8-26　将图 8-25 中除天空外的部分复制到当前图像中

20）单击工具箱中的矩形选择工具，工具选项中设置羽化半径为 50，在刚粘贴的图层中创建图 8-27 所示的选区。

21）按键盘上的〈Delete〉键，将选区删除。再按下〈Ctrl + D〉组合键去掉选区，如图 8-28 所示。

图 8-27　创建带羽化效果的选区

图 8-28　删除上面部分后的效果

22）使用文字工具，在界面的顶部输入“首页”、“施工管理”、“装修案例”、“网上订单”、“收藏本站”、“相关信息”，字体为幼圆体，字号为 14，颜色为白色，调整其间距和位置如图 8-29 所示。

按〈Ctrl + Shift + N〉组合键新建一个图层，将其位置移到“首页”等文字层的下边，使用矩形选择工具创建一个选区并进行填充，给文字作一个深蓝灰的底色。

23）用同样的方法，在页面左上角输入文字“首页”、“关于我们”、“设计群体”、“网站地图”，字号为10，如图8-30所示。

图8-29　输入“首页”等菜单文字

图8-30　输入“关于我们”等文字

24）分别按〈Ctrl + R〉和〈Ctrl + H〉组合键，调出标尺和参考线，在页面右侧840像素的位置拖出一条垂直的参考线；在页面左侧中顶部220像素的位置拖出一条水平的参考线。

再用步骤18）的方法，打开另一幅图像进行选择、复制、粘贴、缩放等操作，制作一个广告条，如图8-31所示。

图8-31　制作广告条

25）按〈Ctrl + Shift + N〉组合键，新建一个图层，用工具箱中的圆形选择工具拉出一个圆形选区，将其填充一个浅黄绿色（颜色值：#99cc33）。再用矩形选择工具拖出一个矩形选区，从圆形中删除一部分。最后缩放为15像素左右，放到图8-32所示的位置。

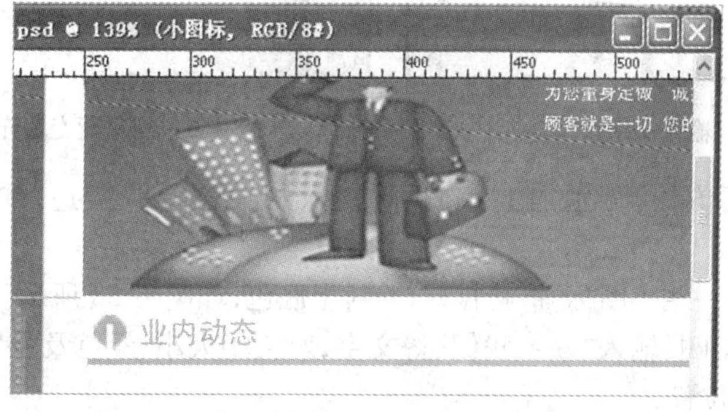

图8-32　加入栏线并输入“业内动态”等文字

单击工具箱中的铅笔工具，在工具选项栏中将铅笔的大小设置为 2 个像素，按住〈Shift〉键在圆形小图标的下方用当前颜色画出一条水平线。

使用文字工具，输入“业内动态”几个字，字体为黑体，字号为 14，颜色为小图标的颜色（颜色值：#99cc33），放置到小图标的右边，如图 8-32 所示。

26）从相关的图片素材中打开一幅图像，复制到当前图像中，对其进行缩放等操作，使其大小为“200 × 200”像素左右。再用矩形选择工具创建一个比该图像略大的选区，执行“编辑”→“描边”命令，在弹出的描边对话框中进行图 8-33 所示的设置，然后单击按钮“好”确认。结果如图 8-34 所示。

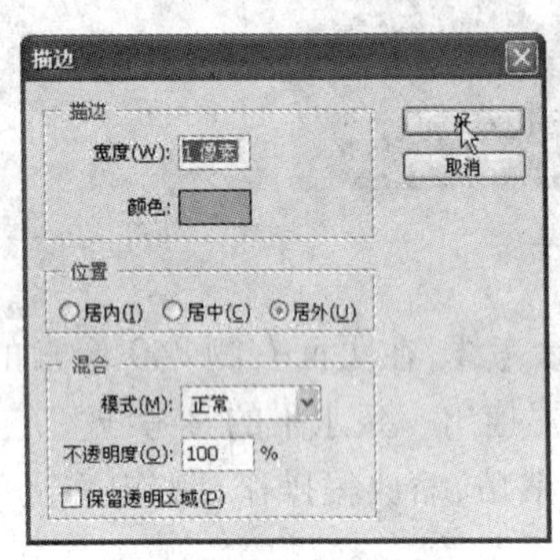

图 8-33　描边参数

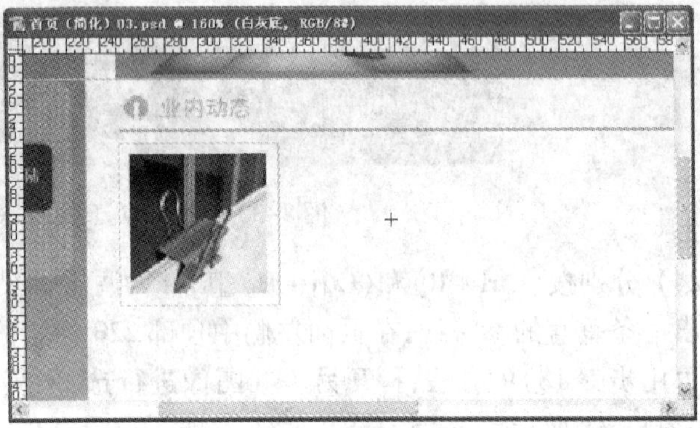

图 8-34　描边效果

27）单击文字工具，将字体设为“幼圆体”，字号为 11，颜色为黑色，在图 8-35 所示的位置输入 4 段文字。

28）新建一个图层，用矩形选择工具创建一个与业内动态整体大小相似的选择区域，再使用渐变填充工具以线性填充方式将选区填充成为由浅灰色到白色的渐变效果。再执行“编辑描边”命令，将该区域加上一个浅灰色的边框，如图 8-36 所示。

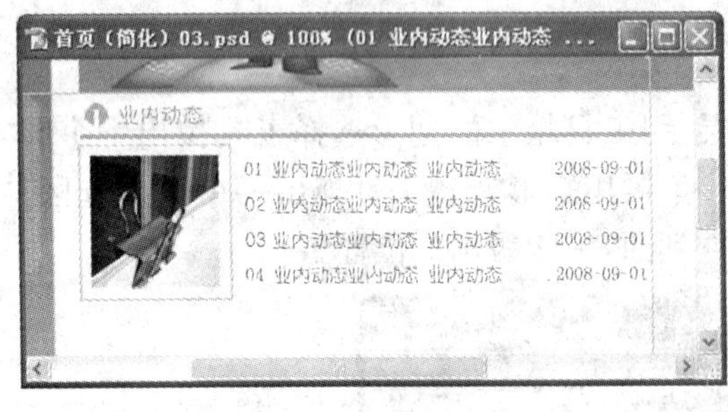

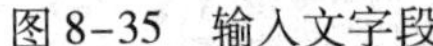

图 8-35　输入文字段

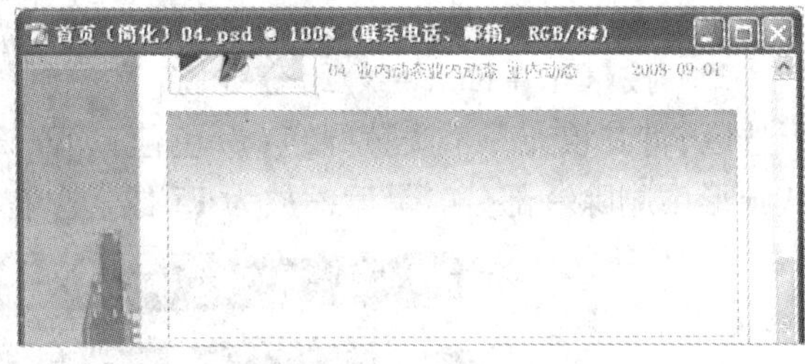

图 8-36　创建渐变填充效果的矩形框

29）使用前面的方法，分别加上小图标、加入相关图像并描边，加入文字，其结果如图 8-37 所示。

30）从网上下载一些小图标，将其打开，并衬上底色，如图 8-38 所示。

31）然后用文本工具输入“联系我们”等文字，对文字大小、颜色及位置适当调整，将其放置到图 8-39 所示的位置。

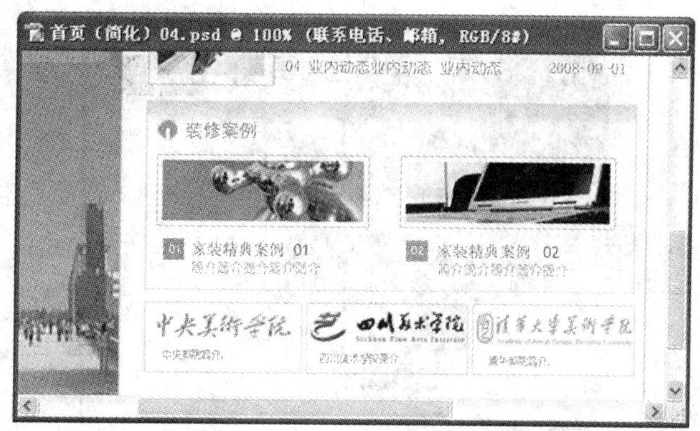

图 8-37　加入其他模块

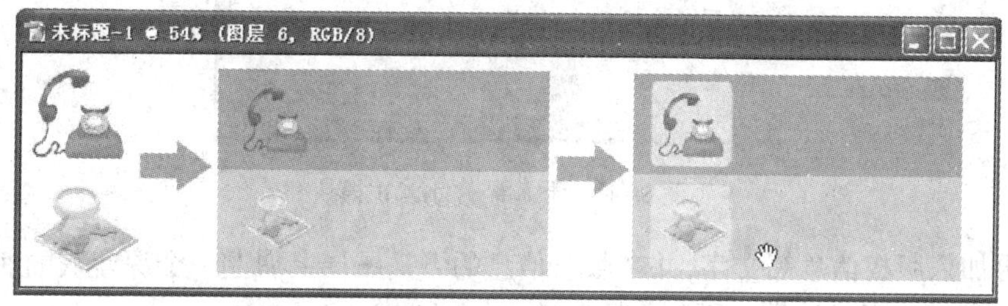

图 8-38　打开小图标图像并制作相应的衬底

32）在网上打开“天气在线”等网站，按下〈Print Screen〉键抓取屏幕，再粘贴到一个新建的图像中，选择其中的天气预报部分复制到当前图像中，再加上标题文字及“搜索地区”等图文，如图 8-40 所示。

图 8-39　输入联系电话及邮箱

图 8-40　制作天气在线模块

33）用步骤 31）的方法调出相关小图标，再加上圆形的渐变色衬底，输入相关文字，制作出图 8-41 所示的装修小常识板块。

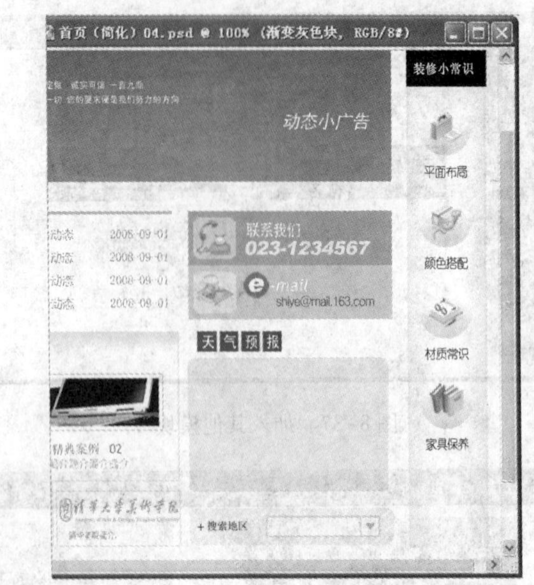

图 8-41　制作装修小常识模块

34）再加入版权信息等文字，并在版权信息的下一图层上加上一个深蓝灰的底色，则四叶草公司网站的效果图设计告一段落。最后效果如图 8-42 所示。

图 8-42　四叶草公司网站界面效果

8.4　在 Dreamweaver 中生成网页

8.4.1　生成静态页面

在完成界面效果制作后，还需要将其转化为网络传输所适应的形式，即需要用相关软件生成网页效果。

在 Photoshop 中,可以使用其附加的一个软件 ImageReady 来完成这项转换工作。然后在网页制作软件 Dreamweaver 中进一步调整。

【例 8-2】 生成静态网页。

1）在 Photoshop 界面中,单击工具箱底端的转换图标(见图 8-43),此时软件将由 Photoshop 切换到 ImageReady 工作界面,如图 8-44 所示。

图 8-43 切换到 ImageReady 工作界面

图 8-44 ImageReady 工作界面

2）单击工具箱中的切片工具,在视图中创建图 8-45 所示的切片(注:可结合参考线,并分区域进行切割)。

图 8-45 使用切片工具将图像分割成若干小图

3）执行“文件”→“将优化结果存储为”命令,在弹出的存储对话框中设置相应参数如图 8-46 所示,将文件名命名为“四叶草公司首页 . html”。再按下“存储”按钮以确认,此时将得到一个静态的网页。

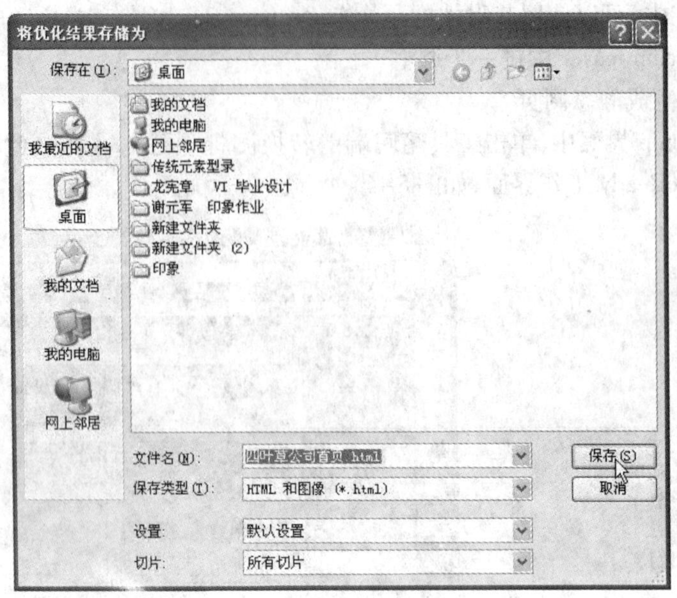

图 8-46 将界面存储为 HTML 和图像格式

4）执行“开始”→“所有程序→“Macromedia”→“Dreamweaver”，打开网页制作软件 Dreamweaver，再执行“文件”→“打开”命令，从弹出的对话框中选择刚创建的“四叶草公司首页.html”文件并将其打开，如图 8-47 所示。

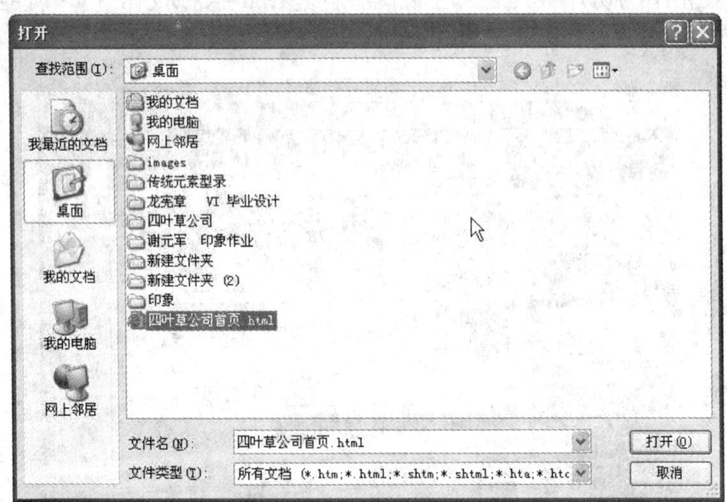

图 8-47 在 Dreamweaver 中打开四叶草公司首页.html 文件

5）在打开的网页界面中，单击视图上的“body”字样，全选当前网页，再按下居中对齐按钮，使网页在 IE 浏览器中呈水平居中状态，如图 8-48 所示。

6）按下图 8-48 中的“页面属性”按扭，从弹出的页面属性对话框中，设置“背景颜色”值为“#000000”，即背景为黑色（注：也可使用“背景图像”为其添加一幅图像作为整个网页的背景），如图 8-49 所示。

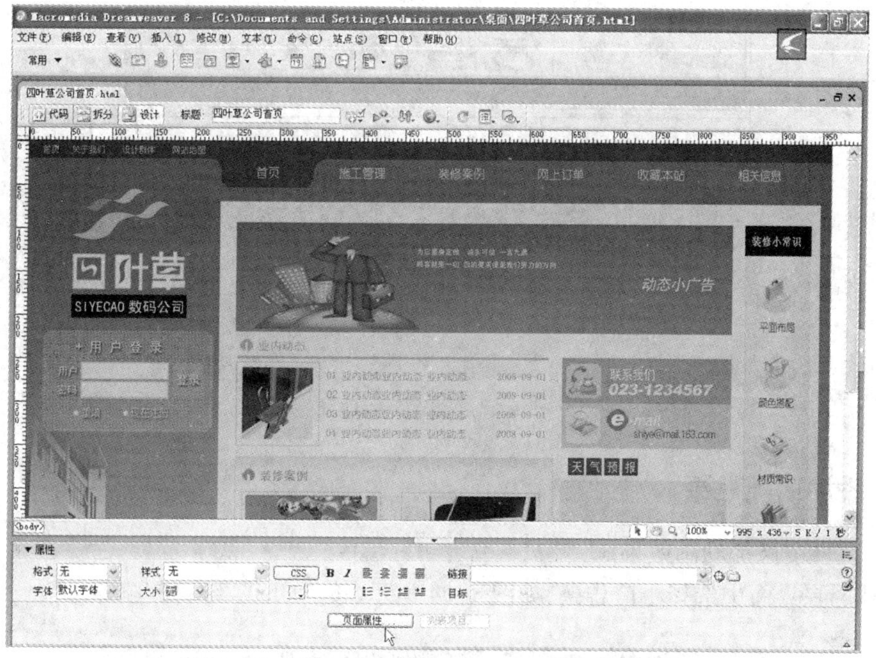

图 8-48　将网页居中对齐

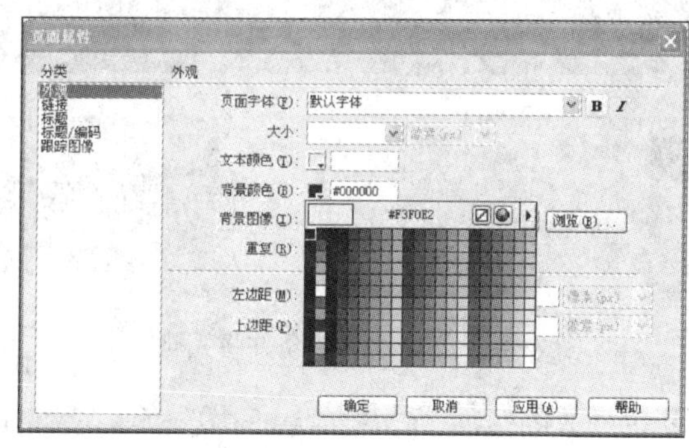

图 8-49　设置背景颜色

7）Dreamweaver 界面中的属性栏中，选择矩形热区按钮，在界面中拖出一个矩形框，基本覆盖住按钮，如图 8-50 所示。然后在"链接"右侧的输入框中输入 mailto：shiye@163. com，当鼠标单击该区域，将会以邮箱方式反馈信息，如图 8-51 所示。

8）用同样的方法在图片"中央美术学院"上设置热区，如图 8-52 所示，并输入相应的链接地址：Http：//www. cafa. edu. cn，如图 8-53 所示。

图 8-50　设置矩形热区

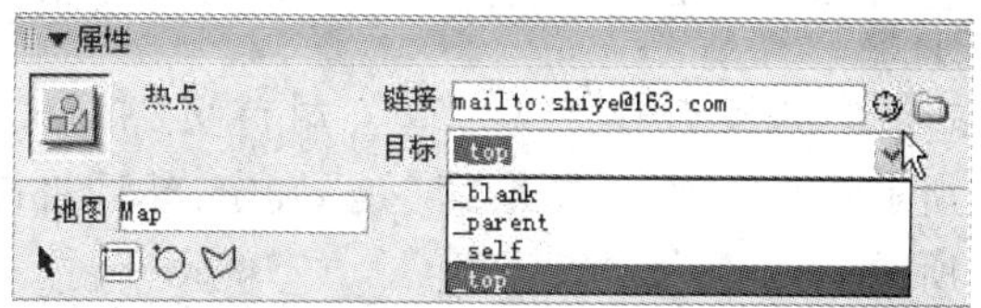

图 8-51　添加链接

图 8-52　创建矩形热区

图 8-53　键入链接地址

8.4.2　添加动画效果

【例 8-3】　添加动画效果。

1）从网页界面中选择小广告条，如图 8-54 所示，按〈Delete〉键将其删除。

图 8-54　选择小广告条并将其删除

2）再单击图 8-55 所示的插入图标，从弹出的对话框中选取事先做好的 Flash 网络动画。

图 8-55　插入 Flash 动画

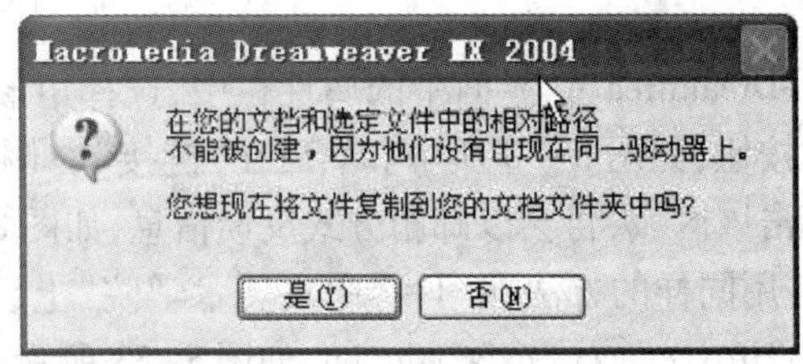

图 8-56　将 Flash 动画文件保存到指定文档中

3）如果该图没有在“四叶草公司首页 .html”相关联的“Images”中，则软件会弹出图 8-56 所示的对话框，单击按钮“是”确定，然后将该 Flash 动画复制到“Images”中即可，如图 8-57 所示。

4）设置好动画的效果如图 8-58 所示。

图 8-57　保存 Flash

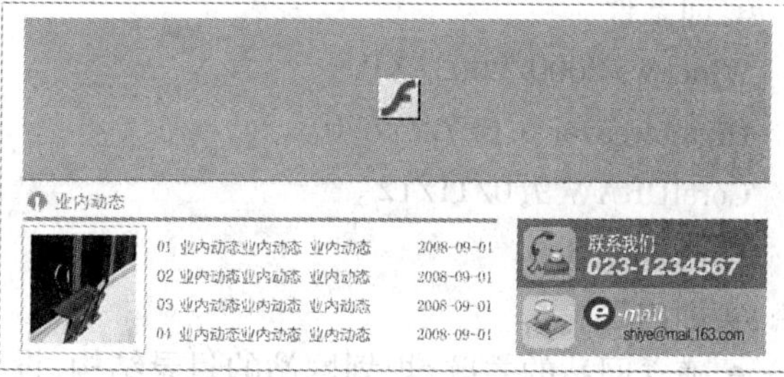

图 8-58　设置 Flash 动画后的效果

5）单击工具栏中的预览按钮，如图 8-59 所示，最终效果如图 8-60 所示。

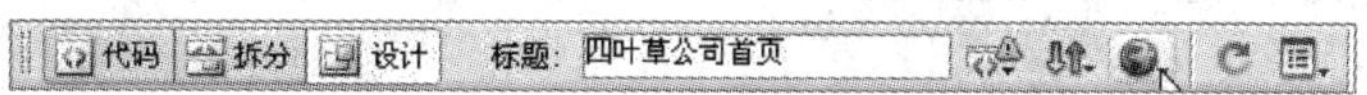

图 8-59　预览网页效果

图 8-60　在 IE 浏览器中的网页效果

8.5　实训

主题：小型网站界面设计及制作（如学院或计算机系部的网站设计）。

实训目的：

- 了解并掌握网站整体策划的一般方法。
- 掌握使用图形图像处理软件制作网页界面。
- 掌握使用网页设计软件生成静态页面的方法。
- 掌握添加动画的基本方法。

实训条件:

Windows 2000/2003/XP。

Dreamweaver 6.0/7.0/8.0。

CorelDRAW 9.0/11/12。

Photoshop 8.0。

实训内容:

- 确立网站的主题,规划网站的目录结构、设计页面布局。
- 收集网页制作所需的相关资料和素材。
- 运用所学专业技能完成网页界面效果的设计制作。
- 生成静态网页,并适当添加动画效果。

8.6 习题

1. 网页设计的基本流程有哪些?
2. 如何将网页进行切片?
3. 怎样在 Dreamweaver 中添加链接效果?

第 9 章　网站界面设计的综合案例——心源网站设计与制作

本章要点

- 网站建设的流程
- 网站的设计与规划
- 网页切片的步骤

网站建设的顺利进行离不开科学的网站制作流程，只有做好系统化的规范流程才能完成预定的网站开发目标。网站的制作流程如下。

（1）策划网站

包括确定网站目标、主题和定位网站风格等工作。

（2）网站布局规划

设计人员根据主题和内容设计目录，依据风格和创意设计布局，有明确的网站布局图，可以减轻后续的制作过程的工作量。

（3）色彩搭配

色彩是传达信息、表达情感的使者，不同的色彩搭配可以产生不同的效果，给人不同的联想空间，好的色彩搭配方案是引导受众的入口。

（4）收集资料

资料收集是最耗时、最麻烦的一步，收集到了足够的资料，才能准确将各个栏目要表达的内容表达出来。

（5）界面设计

界面设计能够有效地传达策划的内容，对于一些大型商业网站可以先设计其主页，再设计一级页面和二级页面。然后把这两个页面做成模板或库，供其他页面套用，最后再为一些特殊页面做设计。

（6）申请域名和空间

（7）上传网站

（8）广告宣传

（9）维护更新

以上所述的这些流程在实际的网站设计与制作流程中并不是依次进行，往往都是交替进行的。例如策划网站、网站布局规划、收集资料就是如此。在策划网站的时候，需要根据收集到的资料进行定位网站风格，网站的布局规划又会影响到策划网站。

在本章中，主要就网站制作流程中的前几个流程：策划网站、网站布局规划、色彩搭配、收集资料和界面设计做主要讲解。

9.1 前期工作

随着互联网技术和电子商务不断地发展和成熟,各种企业、机构在互联网上建立自己的网站进行会所宣传、产品展示、提供资讯和服务等成为一种必然的趋势。企业信息化已经成为当今世界一种不可阻挡的潮流和趋势。特别是在中国,在国家政府的大力促进下,依托网络硬件系统的完善和蓬勃发展,企业在互联网上建立自己的网站和逐步实施企业信息化呈爆炸性的增长趋势。心源集团为了能更好地使美容、美体、心理保健这一日趋火热的产业整体向更高的方向发展,提出了新建网站的需求。

9.1.1 客户提出需求

为了充分利用心源集团现有优势,拓展更宽的领域,占据互联网商业制高点。集团提出的初步需求综合考虑时间、费用、可行性、实效性等因素,利用已有的在网站建设及电子商务方面累积的经验,期望能提出集团基于 Internet 的网站解决方案。

9.1.2 客户需求分析

心源集团长期以来对美容、保健行业工作有着宝贵经验。本着“以高科技+高专业+高个性化为理念,倡导健康、美丽、实现女人魅力为己任;将客户的满意作为创办会所的追求;卓越的医疗设备配上专业的技术让我们呵护倍至!”的理念,针对集团特色项目以及专家的精心指导努力实现了“我想我能、我可以、我相信!让每一位准客户开开心心走进心源,健健康康迎接魅力人生!”

集团利用在网站建设及网络信息系统方面积累的丰富经验,策划适合集团发展规划的网站设计方案,以成熟、完善、稳定的产品来满足集团现在和未来发展的需要。

9.1.3 网站设计定位

1. 网站界面风格

网站总体风格力求大气、有创意,有品质感、画面沉稳而厚重。具体地讲,该网站的总体风格设计需要遵循以下原则。

1)利用 Flash 动画图充分展示心源集团的形象,表现形式具有创新,使浏览者明确感到心源集团的特色与实力。

2)网站根据集团美容、SPA 疗法、健身、美体心理保健等诸多特色量身定做,适应用户在不同情况下尽快获取信息的需求。

3)平面设计要简洁、大气,布局清晰明了,给人耳目一新的感觉,由此来体现心源集团对质量和品质追求的表达。

2. 色调和动画说明

根据心源集团的特点定义网站的整体色调,以获得用户的统一视觉识别。要求线条简练、用色沉稳。在主色调之外,采用较多的对比色彩作为补充、点缀,丰富界面、版式的视觉效果。使整个网站在风格上,显得统一而富有变化。

首页采用动态页面制作。另外根据需要设计多个形式不同的、优质的 Flash 动画图片等,通过一系列和页面有机构结合的、轻柔、舒适、内敛而不张扬的 Flash 动画,画龙点睛地对页面进行适当处理。通过这种方式,使页面效果不至于过分呆板。图形元素中,拟采用富有节奏的点、活泼流畅的弧线、丰富变化面相结合,刚柔而并济,柔美而又有一定张力。

3. 总体内容把握

(1) 内容要丰富

心源集团的网站是一个要求长期稳定运行的网站项目,要有一定的受众面,要保证网站有丰富的内容。具体地讲:栏目规划要全面、细致,每个栏目下面的子栏目的内容也要考虑周到。内容方面除了文字外,还要尽量配上相应的合适图片。

(2) 结构清晰,操作方便

栏目结构规划上,要力图清晰准确,不重复。同时要尽量考虑上网用户的操作习惯,做到操作便利,易于浏览。

(3) 有扩展性和升级性、可维性

网站要充分考虑到今后扩展性,例如栏目下的内容提要从网站的后台可以直接添加、修改;网站设计采用模块化设计,若网站增加新功能,也在保证在原有框架中直接接口,而不需要对网站结构进行大的调整。网站大部分内容可实现从后台添加更改,普通电脑操作人员,经过短训即可学会自主修改、添加网站内容。

(4) 确保网站的维护功能

注重网站界面的简洁化、功能模块的灵活变通性。为集团网站维护人员提供一个自主更新维护的动态空间和发挥余地,去完善网站,达到一次投资、长期受益、降低成本的根本目的。

(5) 突出网站与客户的交互性

设计增加企业同用户之间沟通的功能模块,比如设置客户意见反馈表功能模块、设置留言版模块等,吸引浏览者、合作伙伴、提高客户对贵会所网站参与性、提高同客户信息沟通的交互水平;及时了解客户的需求。增加客户信赖感。

9.2 收集加工素材

素材的收集是最耗时、贯穿制作网站整个过程的一步。对于素材收集来讲,可以分为两个大部分,分别是由集团自行提供的素材以及利用网络素材。集团自行提供的素材是最重要也最难收集的部分,集团越大就越明显。做网站本就是为了对集团做宣传,如果选取的素材有误,不仅达不到宣传的目的,反而会使集团的形象受损。另外,不是集团中的每个人员都对做网站有相应的理解,因此在收集素材的过程中,往往会出现素材与要表达的内容完全不相关的情况。

为了能够很好地解决素材的收集问题,一般常用的方法是建站人员将整个网站栏目先规划出来,然后按照栏目的划分,将每个栏目所需要的内容罗列出来,分析哪些素材是应该由集团提供的,哪些素材是应该有自己在网上收集的。对于集团提供素材部分,交给集团的相关人员;对于网上收集的素材部分,在网上搜索相应的素材下载并处理成所需的效果。这样一来,收集的素材的分工就很明确,整个工作有条不紊地进行,也相对比较固定,出错的几率也会大大减少,负责收集素材人员的工作量也会大大降低。

对于已经收集到的素材,并不是说胡乱堆砌在一起就可以的,需要建站人员的规划和处理。所谓的规划,就是按照前面列出的栏目,将每个栏目相应的内容对号入座,方便素材的寻找和修改。所谓处理,就是要对已有的素材进行整理,划分出哪些素材是直接可用的,哪些素材是只需其中一部分的(比如说文本段的选取,图片的修改与调整等),然后进行相应的操作。

需要注意的是,素材收集和整理的过程并不是网站制作一开始就能够完成的,很多时候会遇到某些所需素材集团暂时没有的,需临时拍照或者编辑的;或者做到网站的中途,集团发现另外一些素材更能表达自己的意思的等突发情况。遇到这些情况,一方面需要加强和集团的联系和沟通;另一方面也需要对收集到的素材加强管理,可以对处理前的素材和处理后的素材分门别类地放置,以免出现混乱。

9.3 栏目规划设计

根据前期收集到的资料以及集团对网站的定位,对本网站栏目做如下规划。

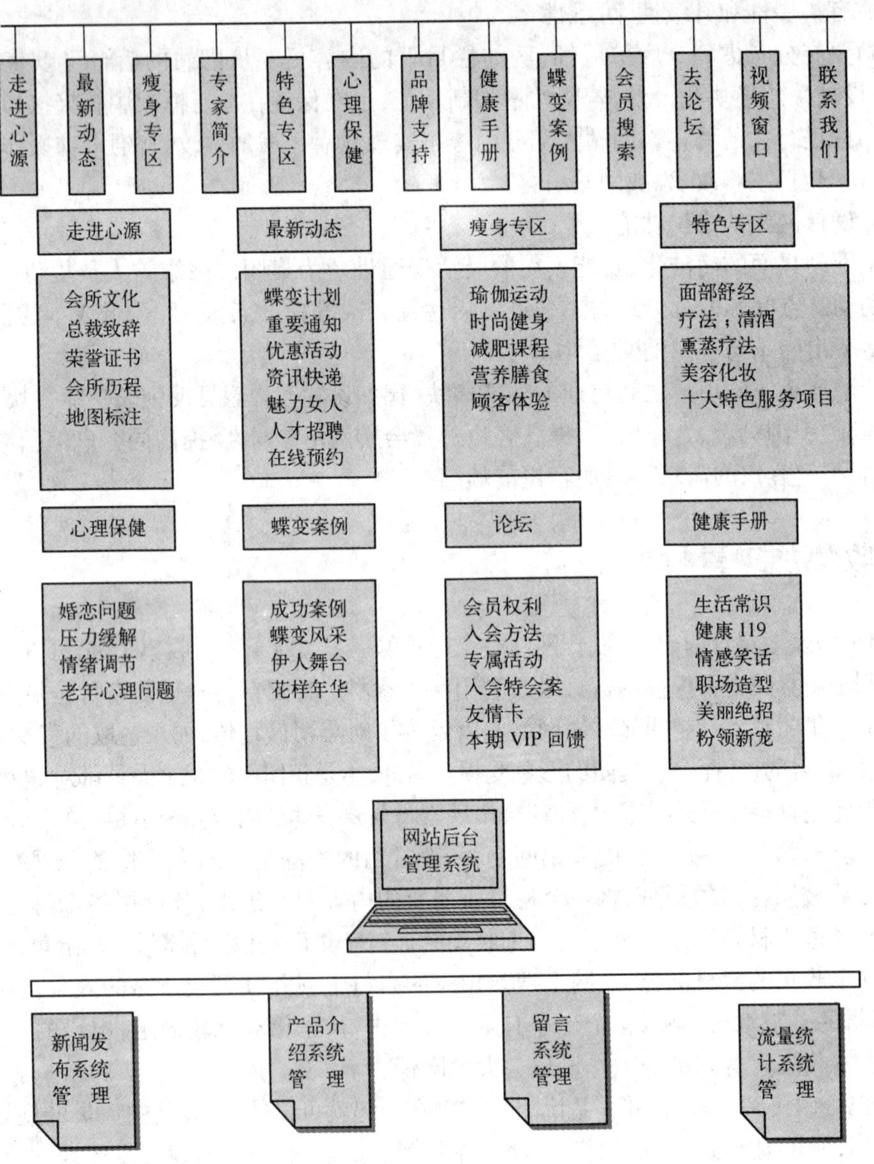

9.4　模拟草图初步设计

9.4.1　确定版式

根据收集到的资料以及栏目的规划，将本网站的版式确定为骨骼型，效果如表 9－1 所示。

表 9－1　确定版式

<table>
<tr><td colspan="5">Logo 及 Banner 动画</td></tr>
<tr><td colspan="5">导航栏</td></tr>
<tr><td>栏目 1</td><td colspan="3">展示动画及最新动态</td><td>栏目 2</td></tr>
<tr><td colspan="2">栏目 3</td><td>栏目 4</td><td colspan="2">栏目 5</td></tr>
<tr><td colspan="2">栏目 6</td><td>栏目 7</td><td colspan="2">栏目 8</td></tr>
<tr><td colspan="2">栏目 9</td><td>栏目 10</td><td colspan="2">栏目 11</td></tr>
<tr><td colspan="5">友情链接</td></tr>
<tr><td colspan="5">版权信息</td></tr>
</table>

9.4.2　确定色彩

根据集团的风格定位，确定主色为白色和粉红色，对应的色彩值为#FFFFFF 和#FF6666。采用同类色的搭配，使同一种色彩呈现不同的透明度或饱和度而得到最终的颜色搭配效果。与之相搭配的文字颜色为#660000，使得色彩看起来比较协调，并且能够突出显示文字效果。

9.4.3　点线面分布

为了能使得版面效果不显得单调，在本网站的设计中，添加了点的设计元素对版面进行修饰。另外也根据集团的客户多为女性的特点，在设计中添加了不规则的曲面效果进行修饰，效果如图 9-1 所示。

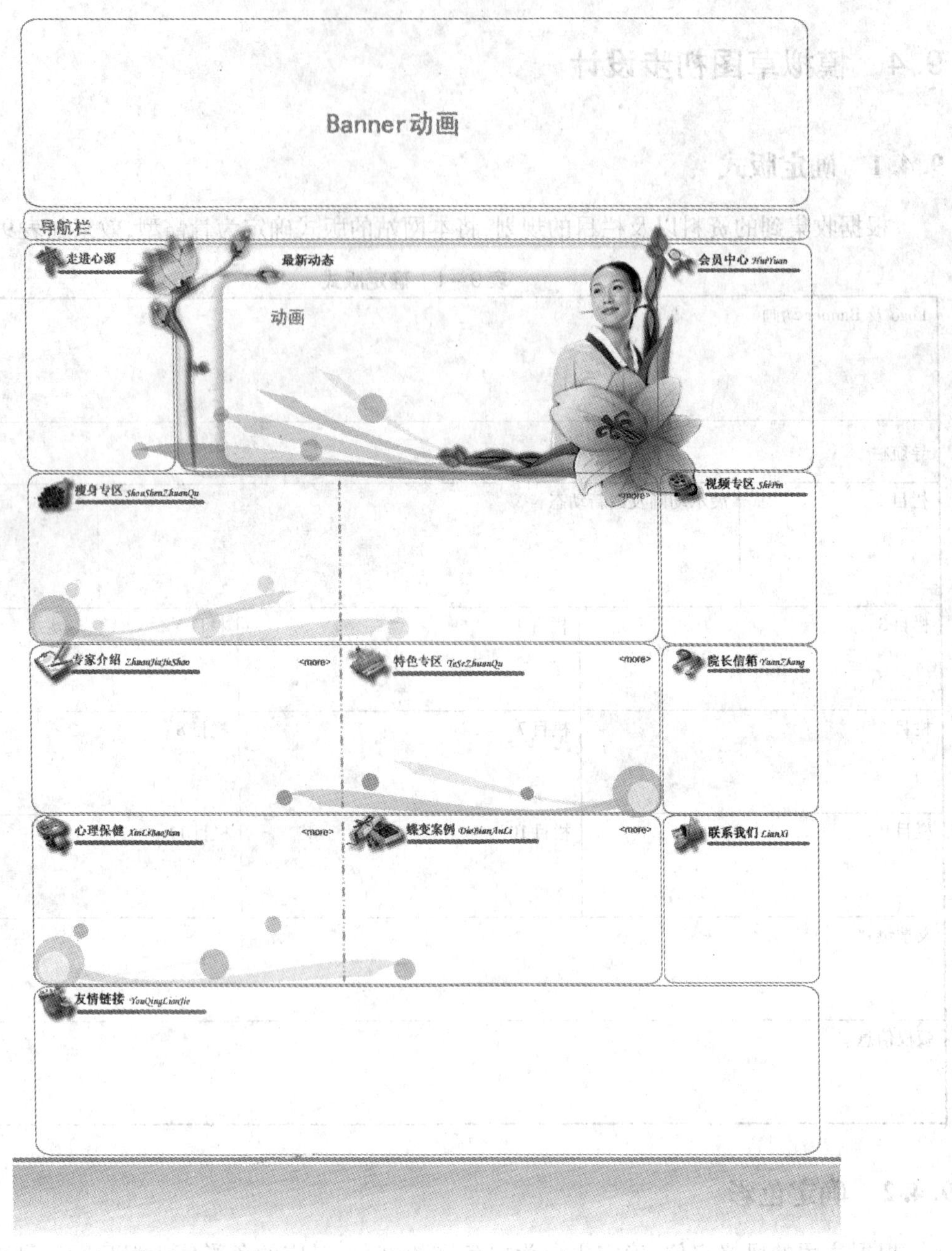

图 9-1　设计效果图

9.5　制作效果图

根据栏目的划分、版面的设计、色彩的搭配以及设计元素的使用，最终效果图确定如图 9-1 所示。在整个版面设计中，均以圆角矩形作为区域划分的边框，使得整个版面柔美而不失大气，简洁、布局清晰明了。

9.6 切图并导入到 Dreamweaver 中生成网页

将制作好的效果图在 Fireworks 中进行切片，以便导入 Dreamweaver 中制作为网页。具体操作如下。

1）启动 Fireworks，打开已经设计好的图片。

2）从视图中选择标尺，从标尺中拉出参考线，如图 9-2 所示。

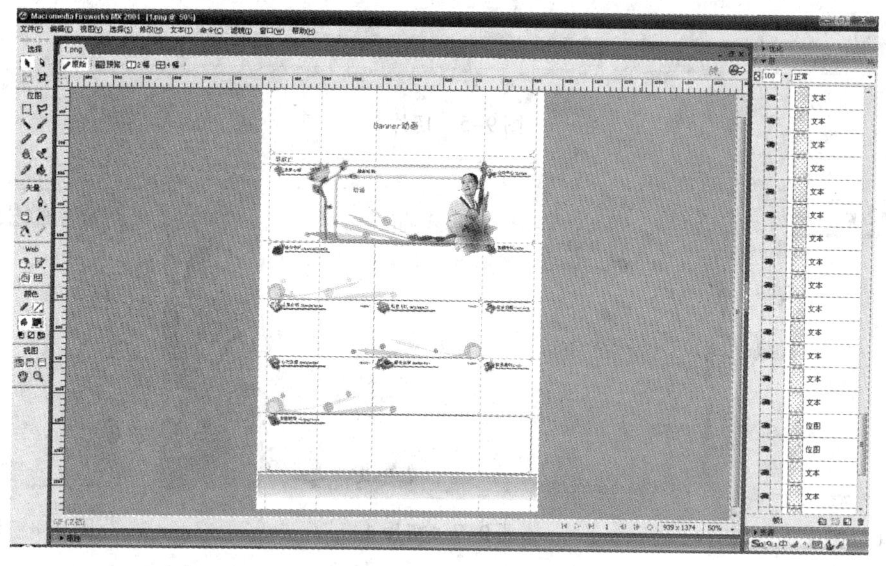

图 9-2　设置参考线

3）使用矩形切片工具，按照之前所设置的参考线，逐片切割，效果如图 9-3 ~ 图 9-16 所示，其中图 9-3 为整体图，其条为单个切片图。

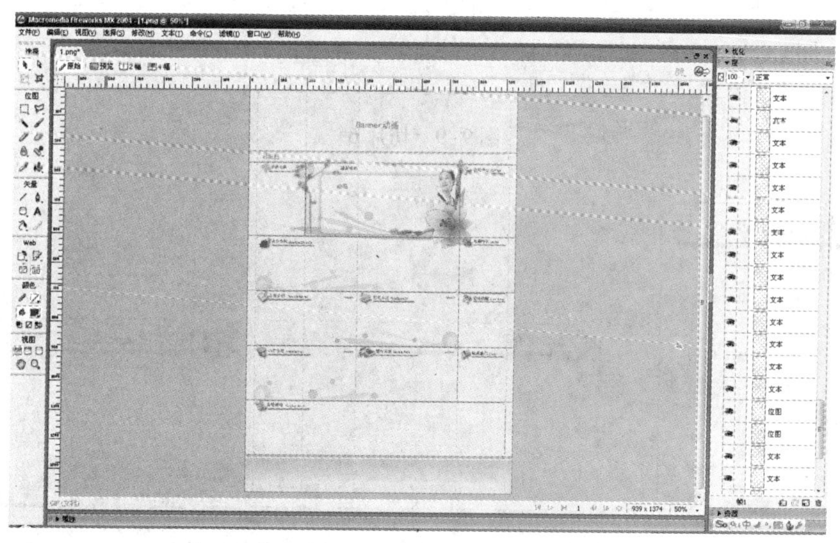

图 9-3　切片整体图

Banner动画

图9-4　切片1

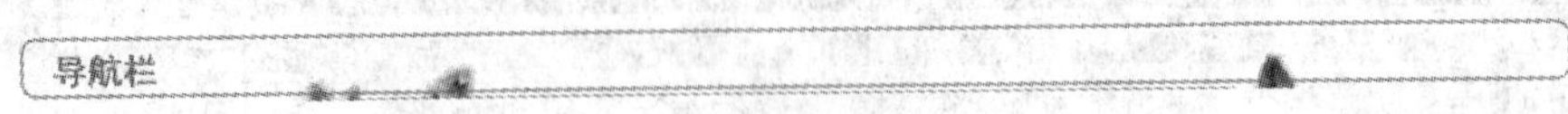

图9-5　切片2

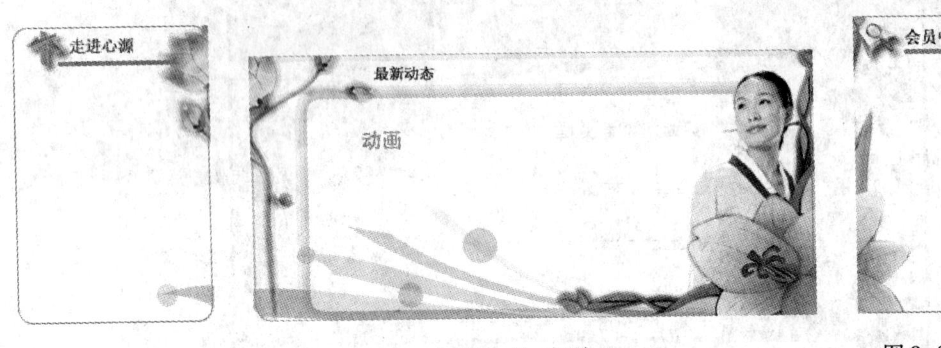

图9-6　切片3

图9-7　切片4

图9-8　切片5

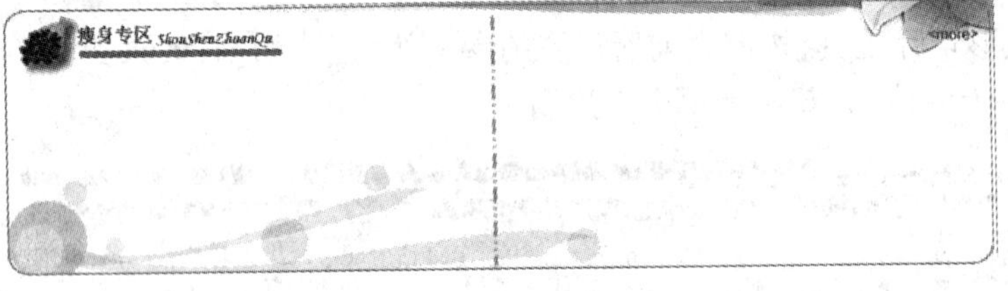

图9-9　切片6

图9-10　切片7

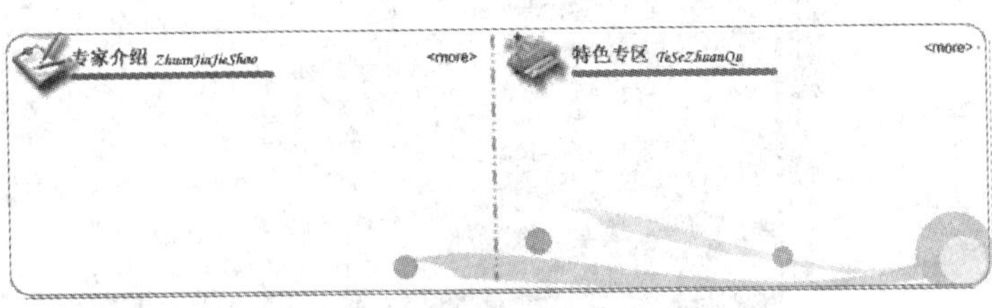

图9-11　切片8

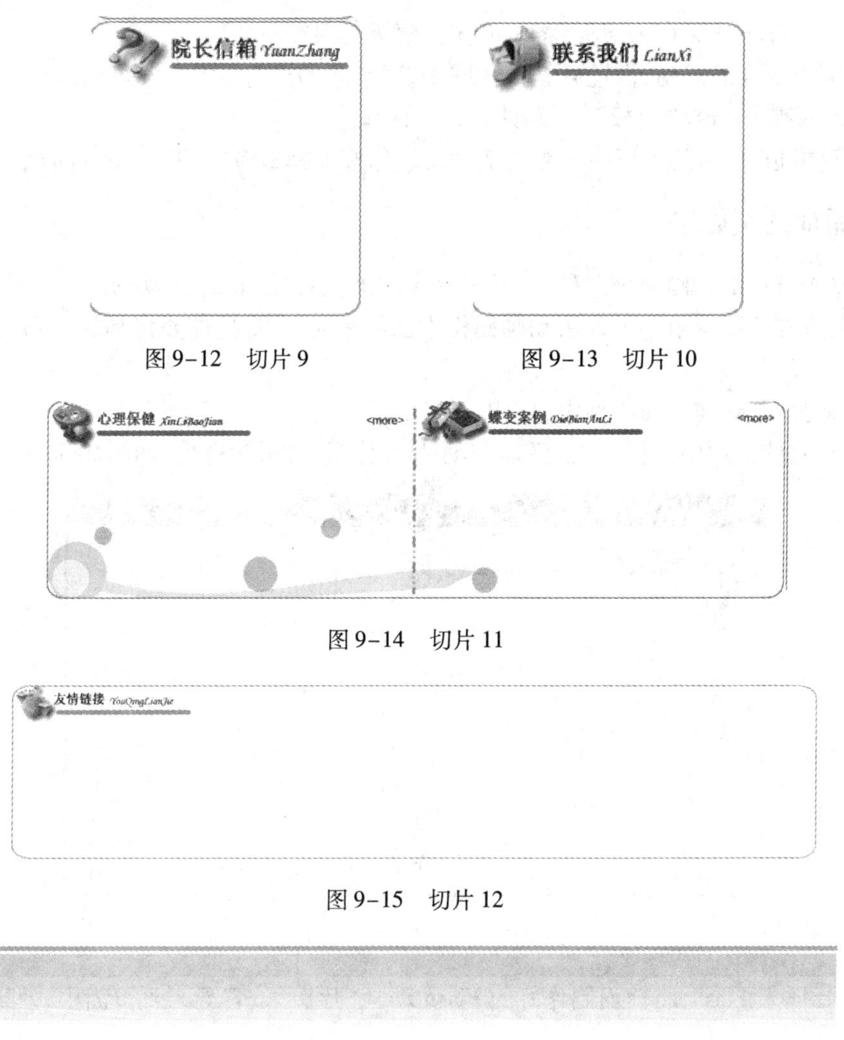

图 9-12　切片 9

图 9-13　切片 10

图 9-14　切片 11

图 9-15　切片 12

图 9-16　切片 13

4）选择文件菜单中的导出，设置导出为 HTML 和图像，并选择将图像放入子文件夹。

9.7　在 Dreamweaver 中生成网页

9.7.1　生成静态页面

生成静态页面的方法很多，其中最简单的一种就是通过前面的操作所导出的 HTML 文件，这种文件可以直接导入到 Dreamweaver 中进行编辑，这时的页面效果为静态页面。具体操作方法参见 9.6 切图并导入到 Dreamweaver 中生成网页。此时生成的网页往往都是页面的框架，其中并没有实际的内容，需要进入 Dreamweaver 中再来分别添加，方法如下。

1）启动 Dreamweaver，打开之前切片所生成的网页文件。

2）依次将文件中的图片删除，然后再依次将删除掉的图片设置为单元格背景图。

3）选择文件中的保存为模板，将页面作为模板页保存。

4）根据对版面的规划，设置可编辑区域。设置方法为：选择需要设置的区域，单击鼠标右键，从弹出的菜单中选择“模板”→“新建可编辑区域”。

5）保存模板，以后就可以根据需要随时将制作好的模板应用到以后的页面中。

9.7.2 添加动画效果

本网站中设计的动画分为两种，一种是片头动画，一种是 Banner 动画。

片头动画在前面章节中的片头动画制作中已经完成，在这里需要将其放入网页中，操作方法如下。

1）新建页面，新建页面类型为 HTML。

2）在新建的页面中设置左边距和上边距为 0 像素，背景为黑色，如图 9-17 所示。

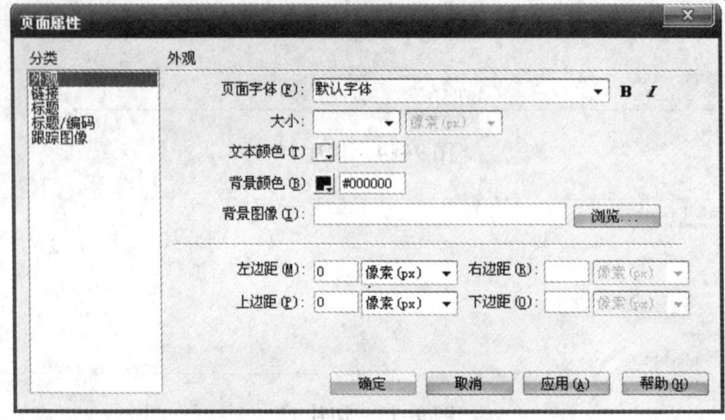

图 9-17　页面属性设置

3）选择插入 Flash，将前面制作好的 Flash 动画“片头 . swf”导入到页面中，效果如图 9-18 所示，设置对齐方式为居中对齐。

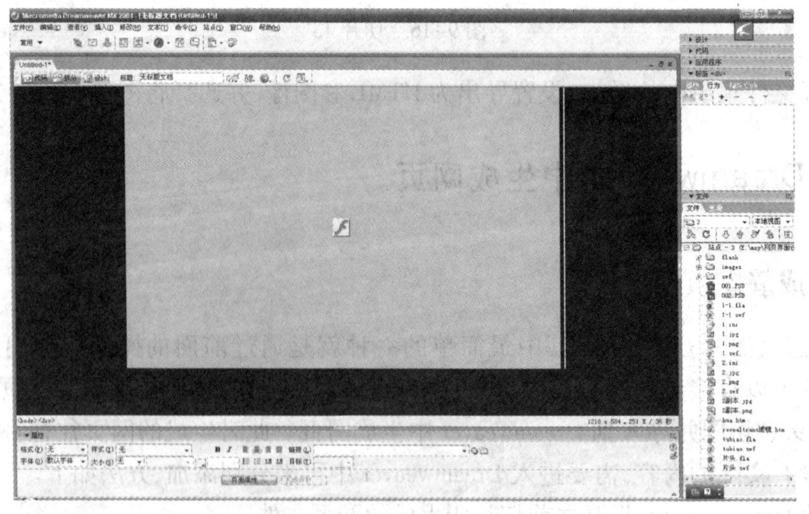

图 9-18　导入片头动画

4）按下〈F12〉键预览效果。

Banner 动画的制作可以采用前面章节所讲授的 Flash Intro and Banner Maker 软件制作，具体步骤不再赘述，最终效果如图 9-19 所示。

图 9-19　Banner 动画

9.7.3　调整页面效果

根据 9.7.1 和 9.7.2 所做的操作，对页面做整体的润色和修饰操作，最终页面效果图参见图 9-20。

图 9-20　调整页面效果图

9.8　实训

主题：收集资料，设计一个公司网站。

实训目的：

- 了解并掌握网站整体策划的一般方法。
- 掌握使用图形图像处理软件制作网页界面。

- 掌握使用网页设计软件生成静态页面的方法。
- 掌握添加动画的基本方法。

实训条件：

Windows 2000/2003/XP。

Dreamweaver 6.0/7.0/8.0。

CorelDRAW 9.0/11/12。

Photoshop 8.0。

Flash 6.0/7.0/8.0。

Fireworks 6.0/7.0/8.0。

实训内容：

- 确立网站的主题，规划网站的目录结构、设计页面布局。
- 收集网页制作所需的相关资料和素材。
- 运用所学专业技能完成网页界面效果的设计制作。
- 生成静态网页，并适当添加动画效果。

9.9 习题

1. 网站设计流程有哪些？
2. 收集资料的过程中应注意些什么问题？
3. 简述网页切片的方法。

参 考 文 献

[1] 马月. 网站界面设计[M]. 北京:北京理工大学出版社,2006.

[2] 倪洋. 网页设计[M]. 上海:人民美术出版社,2006.

[3] 李洛. 网络广告设计[M]. 北京:高等教育出版社,2002.

[4] 张帆,罗琦,宫晓东. 网页界面设计艺术教程[M]. 北京:人民邮电出版社,2002.

[5] 赵国志. 色彩构成[M]. 沈阳:辽宁美术出版社,2000.

[6] 谢成开,王波. 网络广告设计与制作[M]. 北京:清华大学出版社,2005.